Maysaa Kadhim Al-Malkey
Ahmed A.H. Abbas
Nahi Y. Yaseen

Deteção molecular do vírus do papiloma humano no carcinoma oral

Maysaa Kadhim Al-Malkey
Ahmed A.H. Abbas
Nahi Y. Yaseen

Deteção molecular do vírus do papiloma humano no carcinoma oral

Genotipagem baseada em sequências, desregulação do microRNA salivar no carcinoma oral

ScienciaScripts

Cover image: www.ingimage.com

This book is a translation from the original published under ISBN 978-3-659-84632-8.

Publisher:
Sciencia Scripts
is a trademark of
Dodo Books Indian Ocean Ltd. and OmniScriptum S.R.L publishing group

120 High Road, East Finchley, London, N2 9ED, United Kingdom
Str. Armeneasca 28/1, office 1, Chisinau MD-2012, Republic of Moldova, Europe
Printed at: see last page
ISBN: 978-620-8-29817-3

Lista de conteúdos

Dedicação

Esta é uma homenagem àqueles que são a base de qualquer sucesso que eu possa encontrar.

À minha mãe e ao meu pai que me apoiaram incondicionalmente em todos os meus percursos.

Aos meus irmãos e irmãs que me deram amor e apoio.

Para a minha família

O meu marido Khalid, os meus filhos Zain Al-Abedean e Al-Hassan, a minha adorável filha Menin, que estimarei até ao fim dos meus dias.

Por último, a todos os que duvidam da vontade e da força do espírito humano, especialmente aos doentes com cancro oral.

Dedico o meu trabalho

Maysaa

Reconhecimento

*Antes de mais, louvo o meu Deus **Alá**, por me ter inspirado a força e a vontade de realizar este trabalho.*

*Gostaria de exprimir a minha sincera gratidão, o meu endividamento e o meu apreço ao meu orientador, **o Prof. Dr. Ahmed Abdul-Hassan Abbas**, por todo o apoio, carinho, entusiasmo e orientação ao longo de todo o curso deste trabalho.*

*Os meus agradecimentos são extensivos ao **Professor Dr. Nahi Yousif Yaseen** pela sua assistência e apoio relativamente aos aspectos laboratoriais do estudo.*

***Dr. Thair Abdud-Lateef Hassan** pela sua ajuda e pela oportunidade de acesso aos doentes.*

*Um agradecimento especial ao **Dr. Alaa Ghani Hussain** (Diretor da Faculdade de Medicina/Universidade Al-Nahrain) pela sua gentileza e pelos esforços envidados em prol dos estudantes de pós-graduação.*

*Os meus mais profundos agradecimentos e apreço são dedicados ao **Professor Assistente Dr. Haider Sabah**, Presidente do Departamento de Microbiologia Médica, pelo seu apoio e encorajamento contínuos. Dedico também os meus melhores votos aos meus colegas de doutoramento e a todos os membros do corpo docente do Departamento de Microbiologia pela sua cooperação e ajuda.*

*Gostaria de exprimir a minha sincera gratidão ao **Dr. Sabah Abed-Azez** (Chefe do Departamento de Cirurgia Maxilofacial), bem como a todos os superiores da clínica de cirurgia maxilofacial do Hospital Ghazi Al-Hariri, especialmente ao **Dr. Haider Al-Alawe**, pela sua ajuda na recolha de amostras para este estudo.*

Os meus agradecimentos são extensivos aos doentes e às suas famílias pela sua paciência e, sobretudo, por terem doado a sua energia e o seu tempo ao projeto e aos participantes saudáveis pela sua cooperação.

*Esta viagem não teria sido possível sem o meu amado marido, **Khalid**, pelo seu enorme apoio, paciência e leveza nos pesados fardos diários da vida. Sinceramente, estou muito grata aos meus filhos **Zain e Al-Hassan** e à minha filha **Menin** pela sua ajuda e compreensão durante todo o tempo em que não estive presente para eles. Pessoalmente, gostaria de agradecer à minha mãe e ao meu pai, bem como às minhas irmãs **(Noor, Farah, Hawazin e Zainab)** por todas as palavras de encorajamento e pelas muitas conversas telefónicas.*

*Finalmente, para todas as pessoas que estenderam os seus braços com ajuda neste trabalho sem mencionar os seus nomes, muito obrigado .... **Lembrar-me-ei sempre deles.***

Maysaa Kadhim Ai-Malkey

Lista de abreviaturas

ADH	Alcohol dehydrogenases
Ago 2	Aronaute 2 protein
cDNA	Complementary DNA
ddH2O	Deionized water
DEPC	Diethyl pyrocarbonate
DNA	Deoxyribonucleic acid
DNase	Deoxyribonuclease
dNTPs	Nucleoside triphosphate(s)
EBV	Epstein Barr virus
GAPDH	Glyceraldehyde 3-phosphate dehydrogenase
HLA	Human leukocyte antigen
HNSCCs	Head and neck squamous cell carcinomas
HPV	Human papilloma virus
HSV-1	Herpes simplex virus type 1
IARC	International Agency for Research on Cancer
LncRNA	Long non-coding RNA
MGB	minor groove binder
MICA	major histocompatibility complex-class-I-chain-related gene A
miR-31	microRNA-31
miRNAs	microRNAs
mRNAs	*messenger* Ribonucleic acid
MT	Malignant transformation
NCR	Non-coding regulatory region
Nt	Nucleotide
OC	Oral cancer
OLP	Oral lichen planus
OPMDs	Oral potentially malignant disorders
OSCC	Oral squamous cell carcinoma
PCR	Polymerase chain reaction
Rb	Retinoblastoma
RISC	RNA-induced silencing complex
RNA	Ribonucleic acid
RNase	Ribonuclease
RT	reverse transcriptase
RT-PCR	Reverse Transcriptase Polymerase Chain Reaction
SCC	Squamous cell carcinoma
SNP	Single nucleotide polymorphism
TBE	Tris-Borate-EDTA
TSG	tumor suppressor genes
UICC	International Union against Cancer
3'-UTR	3'-untranslated region
UTR	untranslated region

RESUMO

Antecedentes:

Existem provas substanciais de que o vírus do papiloma humano (HPV) de alto risco no cancro oral (CO) é um agente causador e um fator de prognóstico positivo para o resultado clínico.

A desregulação dos microRNAs (miRNAs) tem sido observada em muitos tumores diferentes e está envolvida na tumorigénese; podem atuar como supressores de tumores ou como oncogenes. Além disso, os miRNAs são excelentes alvos de biomarcadores para tumores porque circulam de forma estável nos fluidos corporais humanos e podem ser detectados por métodos não invasivos.

Objectivos:

O objetivo deste estudo foi avaliar a frequência dos genótipos 16/18 do HPV no CO e a sua associação com vários factores de risco, bem como investigar a desregulação do microRNA-31 (miR-31) em doentes e indivíduos aparentemente saudáveis.

Materiais e métodos:

Trinta e cinco casos diagnosticados com CO, com idades e géneros correspondentes a 20 indivíduos aparentemente saudáveis, foram atendidos na clínica de cirurgia maxilofacial de três hospitais em Bagdade: Ghazi Al-Hariri for Specialized Surgery Hospital, Al-Emamain Al-Khadhmyain City Hospital e Al-Yarmouk Teaching Hospital foram incluídos neste estudo durante o período de abril de 2014 a abril de 2015. Foram recolhidas cinquenta e cinco amostras de saliva inteira não estimuladas (35 OC e 20 indivíduos aparentemente saudáveis). O ADN foi purificado a partir de células esfoliadas (pellets de células) para amplificar o ADN do HPV utilizando primers de sequência do gene HPV-L1 através do método de reação em cadeia da polimerase (PCR), os produtos da PCR foram submetidos a eletroforese em gel, depois purificados e, por fim, a genotipagem foi realizada utilizando o método de sequenciação direta.

Relativamente ao miR-31, foram efectuados ensaios TaqMan de quantificação do miRNA em tempo real, que incluíram duas etapas: em primeiro lugar, transcriptase reversa (RT) em cadeia utilizando um iniciador RT específico para o miR-31 e, em segundo lugar, qPCR em tempo real utilizando iniciadores forward/reverse específicos para o miR-31 e uma sonda TaqMan marcada com corante.

Resultados:

A idade média dos doentes inscritos foi de 52,23±13,73 anos (24-74 anos), enquanto a dos indivíduos aparentemente saudáveis foi de 50,55±12,5 anos (17-70 anos). O tabagismo como fator de risco para CO foi altamente significativo com um odds ratio (OR) de 60,79 com um intervalo de confiança (IC) de 95% de 3,401086,71 como fator de risco para CO (P<0,001), além disso, o alcoolismo como fator de risco para CO foi significativo com OR 27,77; IC de 95% 1,51 a 511,27 (P<0,05).

Quarenta e seis por cento (16/35) dos doentes com CO, mas nenhum dos indivíduos aparentemente saudáveis, apresentaram uma mucosa oral positiva para a deteção do ADN do HPV (P<0,001), o rácio de probabilidades foi de 34,69 com um intervalo de confiança de 95% de 1,95 a 618,66. O tipo mais frequente no grupo de pacientes foi o HPV-18, representando (31%) dos casos (P<0,05) com OR 2,96; IC 95% 1,07 a 346,84. A taxa de frequência do HPV foi significativamente maior nas idades mais jovens (<50 anos) com P=0,042.

A análise da expressão genética do miR-31 revelou que a alteração mediana das dobras foi significativamente mais elevada nos doentes do que nos indivíduos aparentemente saudáveis (19,634 versus 1,962) (P<0,001). A análise da curva ROC (Receiver Operator Characteristic) revelou um valor de corte para o miR-31 de (6,623). A correlação entre a idade dos doentes e a alteração fold do miR-31 demonstrou uma correlação negativa não significativa (r = -0,236, P>0,05). Em relação ao género, não foi encontrada uma associação significativa (P= 0,683).

A alteração fold mediana do miR-31 foi mais elevada em doentes com tumor misto maligno (49,668) e em tumores de grau III, tendo sido, entretanto, a mais baixa em doentes com tumor do bordo lateral da língua (17,21).

Conclusões:

O presente estudo sugere que o HPV pode ser um fator de risco na etiologia do CO, independentemente do álcool e do tabaco. Os vírus do papiloma humano tipo 16 e 18 podem ser um possível co-fator na carcinogénese oral. Além disso, estes resultados apontam para a potencial aplicação do miR-31 salivar como um biomarcador para a deteção de CO devido ao seu elevado poder discriminatório potencial para a deteção em doentes com CO em comparação com os seus homólogos aparentemente saudáveis.

Capítulo 1. Introdução

O cancro oral (CO) é um problema de saúde pública mundial, com elevadas taxas de incidência e mortalidade. De acordo com dados da Agência Internacional de Investigação do Cancro (IARC), estima-se que tenham ocorrido no mundo cerca de 263 900 novos casos e 128 000 mortes por cancro da cavidade oral [1].

Mais de 90% dos tumores malignos da cavidade oral são carcinomas orais de células escamosas (OSCC) e representam cerca de 3,5% de todos os tumores malignos nas sociedades ocidentais. Os factores etiológicos estabelecidos para o cancro oral (CO) incluem o consumo de cigarros e o abuso de álcool; no entanto, tem surgido um grupo crescente de doentes, incluindo jovens adultos e mulheres, sem exposição conhecida ao tabaco ou ao álcool, pelo que têm sido propostos possíveis factores etiológicos virais, como o vírus do papiloma humano (HPV) oncogénico [2, 3].

A IARC reconheceu que os tipos 16 e 18 de HPV de alto risco eram carcinogénicos para os seres humanos desde 1995 [4]. Os HPV-16 e 18 de alto risco, como agentes etiológicos de carcinomas anogenitais, foram firmemente estabelecidos na literatura e, devido às semelhanças morfológicas e à natureza epiteliotrófica do HPV, bem como ao potencial oncogénico do HPV, uma ligação entre CO e HPV parecia lógica [5].

A IARC reconheceu o HPV como um fator de risco independente para o CO desde 2007 e 30-50% dos CCEO foram associados ao HPV-16 [6]. Vários estudos demonstraram que a elevada integração do ADN do HPV no genoma humano, a especificidade para os núcleos das células tumorais, o elevado número de cópias virais do HPV e o elevado nível de expressão dos oncogenes E6 e E7 do HPV nos tumores, todos estes critérios sublinham uma associação casual do HPV aos cancros da orofaringe com elevada prevalência do HPV-16 [7-9].

A ausência de sinais de alerta precoce para a maioria dos cancros do CO sugere que biomarcadores específicos e sensíveis serão provavelmente importantes no rastreio de doentes de alto risco [10]. Foi utilizada uma série de marcadores moleculares para detetar estes tumores com diferentes graus de especificidade e sensibilidade. Não existe ainda um marcador fiável ou clinicamente aplicável universalmente utilizado para identificar o CO ou a agressividade do tumor. Por conseguinte, o desenvolvimento de um teste de rastreio baseado na saliva para o cancro da orofaringe pode ser capaz de detetar tumores em fase inicial antes do desenvolvimento de sintomas clínicos [11].

A taxa de sobrevivência de 5 anos é de cerca de 80% no caso de deteção precoce de CO (fase T-1), que pode diminuir para 20-40% nas fases posteriores (T-3 ou T-4); por conseguinte, é necessário um método de deteção precoce de CO para aumentar a sobrevivência dos doentes a longo prazo e como ferramenta de rastreio para os doentes em risco [12]. A presença de microRNAs (miRNAs) na saliva humana tornou-se recentemente um campo emergente para a monitorização de doenças orais utilizando diagnósticos salivares. Os miRNAs são moléculas curtas de RNA não codificante com 19-24 nucleótidos de comprimento que foram identificadas pela primeira vez em 1993 como pequenos RNAs em *Caenorhabditis elegans* [13].

Os microRNAs ligam-se a sequências complementares na região 3'-untranslated (3'-UTR) dos mRNAs, para regular a expressão dos genes, inibindo a tradução das proteínas e/ou provocando a degradação do mRNA [14]. Os microRNAs desempenham um papel importante na regulação de vários processos celulares, como o crescimento, a diferenciação, a apoptose e a resposta imunitária [15].

O microRNA-31 (miR-31) salivar foi proposto como um marcador sensível para a malignidade oral, uma vez que era mais abundante na saliva do que no plasma. Após a excisão do CO, o miR-31 salivar registou uma redução notável, indicando que a maior parte do nível de miR-31 salivar aumentado provinha dos tecidos tumorais. O miR-31 salivar estava significativamente aumentado em doentes com CO em todas as fases clínicas, incluindo pequenos tumores [16].

Objectivos do estudo:

1- Deteção do vírus do papiloma humano como possível fator de risco independente em doentes com cancro oral.

2- Genotipagem do HPV detectado em doentes com cancro oral.

3- Estudar o nível de expressão do microRNA-31 na saliva de doentes com cancro oral.

Capítulo 2. Revisão da literatura

2.1. Cancro oral

O cancro oral (CO) inclui um grupo de neoplasias que afectam qualquer região da cavidade oral, regiões faríngeas e glândulas salivares. No entanto, este termo tende a ser utilizado indistintamente com o carcinoma oral de células escamosas (OSCC) [17].

O CEC oral é a neoplasia maligna mais comum da cavidade oral derivada do epitélio escamoso estratificado, incluindo os lábios, a mucosa bucal, os rebordos alveolares inferiores e superiores, a gengiva retromolar, o pavimento da boca, o palato duro e os dois terços anteriores da língua [18]. Através do exame morfológico macroscópico, são observados os tipos exofítico, ulcerativo ou verrucoso [19].

Independentemente do fácil acesso à cavidade oral para exame clínico, o CCEO é normalmente diagnosticado em fases avançadas. As razões mais comuns são o diagnóstico inicial incorreto, que pode passar despercebido, ser negligenciado, e a ignorância tanto do doente como do médico assistente [20].

2.1.1. Epidemiologia

O carcinoma espinocelular da cabeça e do pescoço (CECP) é o sexto cancro mais comum, com uma incidência anual de cerca de 400 000 casos [21] e representa cerca de 3,5% de todos os tumores malignos [22]. Em algumas regiões, a prevalência do CO é mais elevada, atingindo 10% de todos os cancros no Paquistão e cerca de 45% na Índia [23].

Em geral, as taxas de CO mais elevadas encontram-se na Melanésia, na Ásia Central e do Sul e na Europa Central e Oriental e as mais baixas em África, na América Central e na Ásia Oriental, tanto para os homens como para as mulheres. Na década de 1930, a proporção entre homens e mulheres para o cancro oral era de 10:1; com o aumento do consumo de tabaco e álcool pelas mulheres, essa proporção passou a ser de 2:1. O aumento no sexo feminino na maioria dos países europeus reflecte em grande parte a atual epidemia de tabaco [24, 1].

É uma doença que afecta adultos e idosos, sendo o aspeto clínico mais comum uma lesão ulcerada com uma área central necrótica rodeada por bordos elevados e enrolados [25].

No Iraque, a incidência estimada do cancro do lábio e da cavidade oral em todas as idades e em ambos os sexos é de aproximadamente 194 casos e 59 mortes por ano, de acordo com a IARC. Os doentes mais frequentemente afectados na quinta década de vida apresentam uma proporção de 2:1 entre homens e mulheres [26, 1].

2.1.2. Sinais clínicos, sintomas e caraterísticas do cancro oral

O diagnóstico da CO baseia-se numa história clínica detalhada e num exame clínico exaustivo. A doença precoce é geralmente assintomática e detectada incidentalmente, enquanto as fases avançadas são frequentemente dolorosas [27].

O inchaço, a dor e a ulceração são os sintomas e queixas mais frequentes dos doentes com CO. Seria sensato não ignorar estes sintomas, nem atrasar a realização de uma biopsia adequada para histologia [28]. A dor é acentuada nos tumores da língua devido à sua mobilidade e natureza inerentemente sensível. Os tumores avançados que se infiltram nos tecidos moles e no osso do periodonto resultam em mobilidade dentária, enquanto os tumores de grandes dimensões que envolvem a cavidade oral posterior causam dificuldades respiratórias e/ou da fala [29].

O CO pode apresentar-se numa variedade de formas e pode ter caraterísticas que se sobrepõem às das lesões benignas, infecciosas e traumáticas [30]. O CCEO envolve preferencialmente a superfície ventral da língua e o assoalho da boca; esses locais são seguidos pelas regiões retro-molares, gengiva, mucosa bucal, língua posterior, palato mole e duro [29].

Habitualmente, o CCEO apresenta-se como uma úlcera com margens exofíticas fissuradas ou elevadas (formação de massa, fungante, papilar e verruciforme). Pode também apresentar-se como um nódulo, como uma lesão vermelha (eritroplasia), como uma lesão branca (leucoplasia) ou uma lesão mista branca e vermelha (eritroleucoplasia), como um alvéolo de extração que não cicatriza ou como um aumento dos gânglios linfáticos cervicais, caracterizado por dureza ou fixação. A fixação do tumor primário aos tecidos adjacentes, ou seja, ao osso sobrejacente, sugere o envolvimento do periósteo e uma possível disseminação para o osso. O CCEO deve ser considerado quando qualquer uma destas caraterísticas persistir por mais de duas semanas [31].

2.1.3. Etiopatogénese

2.1.3.1. Factores de risco ambientais

A etiologia da CO é considerada multifatorial, sendo que os dois principais factores etiológicos clássicos da CO são os hábitos sociais de consumo de tabaco e o consumo de álcool; no entanto, alguns vírus parecem desempenhar um papel num pequeno subconjunto de doentes com CO [32].

O consumo de tabaco contribui para uma grande percentagem de cancro humano em muitos locais, incluindo a cavidade oral. O fumo do tabaco contém muitos agentes cancerígenos, sendo os mais potentes os hidrocarbonetos aromáticos policíclicos (PAH), as N-nitrosaminas e as aminas aromáticas. A nicotina, outro componente do fumo do tabaco que causa carcinogénese, presumivelmente inclui danos no ADN que conduzem diretamente à mutagénese, normalmente através da transversão da guanina para a adenina do ADN, mas pode exigir uma conversão enzimática antes de se tornar carcinogénica. [33, 34].

O consumo excessivo de álcool tem sido implicado no desenvolvimento de CO, sendo incerto se o álcool por si só pode iniciar a carcinogénese, embora esteja bem estabelecido que o álcool em combinação com o tabaco é um fator de risco significativo para o desenvolvimento de CO [35]. O etanol presente nas bebidas alcoólicas foi classificado como carcinogénico para os seres humanos; é absorvido pelo intestino delgado e posteriormente metabolizado, principalmente no fígado. As álcool desidrogenases (ADH) são enzimas que oxidam o etanol em acetaldeído, que é um suspeito carcinogéneo oral. Os indivíduos com o genótipo da álcool desidrogenase 3 são propensos ao desenvolvimento de cancros da orofaringe [36].

O papel da dieta e da nutrição na neoplasia oral tem sido alvo de grande atenção; as frutas e os legumes (ricos em vitaminas A, E e C) são descritos como protectores com propriedades anti-oxidantes, ao passo que a carne e a malagueta vermelha em pó são considerados factores de risco [37].

A deficiência de ferro, que resulta na atrofia do epitélio oral e na disfagia sideropénica (síndrome de Plummer-Vinson), está associada ao cancro das vias aéreas superiores e das vias alimentares, e o ferro dietético pode desempenhar um papel protetor na manutenção da espessura do epitélio [38].

A deficiência de vitamina A produz uma queratinização excessiva da pele e das membranas mucosas. Acredita-se que os níveis sanguíneos de retinol e a quantidade de beta-caroteno dietético ingerido são inversamente proporcionais ao risco de CCEO e leucoplasia [39].

O envolvimento viral no desenvolvimento do CCEO foi proposto em muitos estudos, sendo as espécies de vírus mais frequentemente estudadas o vírus Epstein Barr (EBV), o vírus Herpes simplex tipo 1 (HSV-1) e o HPV [40]. A co-infeção por duas ou mais espécies de vírus foi também sugerida como um fator de risco acrescido para o desenvolvimento de cancro no CCEO [41].

A imunodeficiência é um fator de risco para um grande número de tumores, incluindo o CCEO. Os doentes infectados com o vírus da imunodeficiência humana (VIH) têm um risco 2-6 vezes superior de desenvolver CECP [42].

As desordens orais potencialmente malignas (OPMDs) incluem uma variedade de condições caracterizadas por um risco aumentado de transformação maligna (MT) em cancro oral [43]. A leucoplasia e a eritroplasia são as OPMDs mais comuns, enquanto foi dada especial ênfase à natureza pré-maligna do líquen plano oral (OLP) [44].

O potencial maligno do LPO, uma doença inflamatória relativamente crónica, mediada imunologicamente, tem sido objeto de controvérsia com dados contraditórios [45-50]. Um grande número de estudos refere que a progressão para CCEO é mais comum no LPO erosivo/ulceroso e atrófico. Foi também sugerido um risco acrescido de MT para a forma hipertrófica (ou tipo placa) do LPO [51].

A frequência da MT no OLP foi descrita como variando entre 0,4 e 5,3% em vários estudos. Esta ampla gama pode ser atribuída a vários factores, tais como diferenças na dimensão da amostra, critérios de diagnóstico tanto clínicos como histopatológicos, tempo de seguimento e avaliação de outros factores de risco [45-50].

2.I.3.2. Factores de risco genéticos

A importância da hereditariedade na carcinogénese oral tem sido estudada, o perigo relativo de desenvolvimento da doença em familiares de primeiro grau de doentes com CO varia entre 1,1 e 3,8 razões de probabilidade [52].

A perda de heterozigotia (LOH) tem sido um alvo importante na investigação sobre o cancro. O termo "LOH" é geralmente utilizado para descrever o processo de desequilíbrio alélico quando uma cópia de um marcador polimórfico (com dois alelos ligeiramente diferentes) é perdida (LOH) ou amplificada (ganho alélico) [53].

O cromossoma 9 parece ser uma das regiões mais frequentemente alteradas e mais precocemente no desenvolvimento tumoral; perdas alélicas em 9p21, por exemplo, foram descritas na maioria das lesões orais pré-malignas e carcinomas iniciais [54]. A região 9p21 abriga genes que codificam os inibidores da quinase dependente de ciclina p16 e p14, ambos importantes reguladores da proliferação celular [55].

Outras aberrações, como perdas alélicas em 5q21-22, 22q13, 4q, 11q, 18q e 21q, são frequentemente encontradas em associação com estádios tumorais avançados e carcinomas pouco diferenciados [56].

O polimorfismo alélico nos genes HLA e MICA (major histocompatibility complex-class-I-chain-related gene A) foi estudado; o HLA-B35 e o HLA-B40 foram fortemente associados a metástases tumorais [57, 58].

As anomalias dos genes supressores de tumores também são encontradas em lesões orais malignas, sendo que um dos genes supressores de tumores (TSG) mais importantes em humanos é o p53 [59]. O p53 é o TSG mais frequentemente inactivado no cancro humano, incluindo o CCEO [60].

Um estudo realizado por Poeta *et al.* (2007) referiu que a inativação do p53 no CCEO estava associada a uma sobrevivência reduzida após um tratamento cirúrgico [61].

O outro TSG é o gene do Retinoblastoma (Rb), que foi o primeiro TSG identificado e desempenha um papel fundamental na regulação da proliferação celular [62]. A expressão da proteína Rb no CCEO tem sido registada de forma variável. Muitos estudos relataram a perda de expressão da proteína Rb, enquanto outros mostraram níveis elevados da sua expressão [63, 64].

Foi demonstrado que vários microRNAs (miRNAs) não estão regulados no cancro da cabeça e do pescoço [65]. O polimorfismo de nucleótido único (SNP) é uma variação na sequência de ADN que ocorre quando os nucleótidos (A, T, C ou G) mudam em pelo menos 1% de uma determinada população [66]. Algumas provas epidemiológicas mostram que as variações genéticas do miRNA estão associadas à progressão para cancro oral [67]. Embora os miRNAs tenham recebido uma atenção considerável, descobriu-se que os SNPs nas sequências de miRNA e premiRNA estão ligados aos seus genes candidatos [68].

2.1.4. Estadiamento do tumor e classificação histopatológica

O tamanho do tumor e a extensão da disseminação das metástases do CO são os melhores indicadores do prognóstico do doente. A quantificação destes parâmetros clínicos é designada por estadiamento da doença. O estadiamento clínico do cancro da orofaringe é feito de acordo com a classificação TNM (União Internacional contra o Cancro) (UICC). O sistema de classificação mais recente (7th Edition) baseia-se no tamanho do tumor primário em centímetros (estádio T); no envolvimento dos gânglios linfáticos regionais (estádio N); e na presença de metástases à distância (estádio M) [69]

Cada um destes 3 parâmetros é determinado e, em seguida, são agrupados para determinar o estádio adequado. A diferenciação escamosa é frequentemente uma queratinização com formação variável de "pérolas". A invasão manifesta-se por rutura da membrana basal e extensão para o tecido subjacente, frequentemente acompanhada por reação do estroma. A invasão angiolinfática (disseminação através dos vasos linfáticos) e a invasão perineural são sinais adicionais de malignidade [70].

Os tumores são tradicionalmente classificados em CEC bem, moderadamente e mal diferenciados. O CEC bem diferenciado assemelha-se ao epitélio escamoso normal com elevada queratinização e pleomorfismo celular mínimo (Grau I). O CEC moderadamente diferenciado contém um pleomorfismo nuclear distinto e atividade mitótica, incluindo mitoses anormais; existe normalmente menos queratinização (Grau II, III). No CEC pouco diferenciado, predominam as células imaturas, com numerosas mitoses típicas e atípicas, e queratinização mínima (Grau IV) [70].

2.1.5. Variantes do carcinoma espinocelular oral

De acordo com Johnson *et al.,* (2005) [71] e a classificação da OMS do tumor epitelial maligno da cavidade oral e da orofaringe, os tipos variantes de CCEO são

- **Carcinoma verrucoso:** Caracterizado por células epiteliais muito bem diferenciadas que parecem mais hiperplásicas do que neoplásicas. O tumor tem um crescimento local lento, é invasivo na natureza da lesão sob a forma de margens amplas e empurradoras e é pouco suscetível de metastizar.

- **CEC basalóide:** célula epitelial pouco diferenciada com elevado potencial metastático à distância. Observa-se um padrão basalóide de células tumorais adjacente a células tumorais que exibem diferenciação escamosa. Este tumor pode ser confundido microscopicamente com o carcinoma adenoide cístico basalóide e o carcinoma adenoescamoso.

- **Carcinoma de células fusiformes (sarcomatóide):** trata-se de um tumor bifásico raro, constituído por componentes epiteliais e mesenquimatosos, que surge do epitélio de superfície, geralmente dos lábios e, ocasionalmente, da língua. O local de origem mais comum na região da cabeça e do pescoço é o trato aerodigestivo superior (laringe e hipofaringe)

- **CEC papilar:** assemelha-se ao carcinoma verrucoso, mas é menos diferenciado e tem um pior prognóstico.

- **CEC acantolítico (adenoide):** é uma forma pouco frequente de neoplasia maligna que surge nas glândulas secretoras, mais frequentemente nas glândulas salivares maiores e menores da cabeça e do pescoço, podendo ser confundido, em termos histológicos, com o CEC basalóide. Este tumor apresenta um aspeto pseudoglandular ou alveolar devido à acantólise.

- **Carcinoma adenoescamoso:** este tumor apresenta áreas de diferenciação escamosa misturadas com outras de verdadeira diferenciação glandular.

- **Carcinoma cuniculatum:** é uma variante clínico-patológica distinta do CEC que se define histologicamente pelo padrão infiltrativo caraterístico de uma proliferação profunda, ampla e complexa do epitélio escamoso estratificado com núcleos de queratina e criptas cheias de queratina.

- **Carcinoma semelhante ao linfoepitelial:** um tumor microscopicamente semelhante ao linfoepitelioma da nasofaringe e da amígdala é ocasionalmente encontrado na cavidade oral ou na orofaringe.

2.1.6. Diagnóstico do cancro oral

A terapia óptima e a sobrevivência do cancro oral dependem de um diagnóstico e de uma avaliação adequados do tumor primário e da sua extensão clínica. De acordo com Johnson *et al.*, (2005) [71], deve ser feito o seguinte

1. Exame físico: Inclui um exame minucioso do céu e do pavimento da boca, da parte posterior da garganta, da língua, das bochechas e dos gânglios linfáticos regionais do pescoço.

2. Biópsia por escovagem ou biópsia de tecido: se forem detectados tumores ou crescimentos. A biópsia por escovagem é um exame indolor que recolhe células do tumor escovando-as para uma lâmina. Uma biópsia de tecido envolve a remoção de um pedaço de tecido para que possa ser verificado se existem células cancerosas (biópsia incisional).

I Além disso, serão efectuados um ou mais dos seguintes testes:

- Radiografias para verificar se as células cancerígenas se espalharam para a mandíbula, o tórax ou os pulmões.

- Tomografia computorizada (TC), com ou sem corante. O exame mostrará quaisquer tumores na boca, garganta, pescoço, pulmões ou em qualquer outra parte do corpo.

- A ressonância magnética (MRI) mostrará se o cancro se espalhou para qualquer outra parte do corpo.

- A endoscopia é um tubo fino e iluminado que é colocado na garganta para examinar o interior da garganta, a traqueia e os pulmões.

- Tomografia por emissão de positrões (PET): é administrada uma injeção de açúcar radioativo. O PET scanner permite ver onde o açúcar se está a acumular. As células cancerosas absorvem ou acumulam açúcar mais rapidamente do que as células normais.

2.2. Vírus do papiloma humano

2.2.1. Estrutura do genoma

Os vírus do papiloma são membros da grande família *Papillomaviridae*. Os vírus do papiloma replicam-se no núcleo das células epiteliais escamosas (epiteliotrópicas). São pequenos vírus de ADN não envelopados, com uma forma icosaédrica simétrica (Figura 2.1). As partículas virais têm 52-55 nm de diâmetro e são constituídas por uma única molécula de ADN circular de cadeia dupla com cerca de 8000 pares de bases (pb), contida num capsídeo (revestimento proteico esférico) composto por 72 capsómeros (subunidades repetitivas do capsídeo) [72].

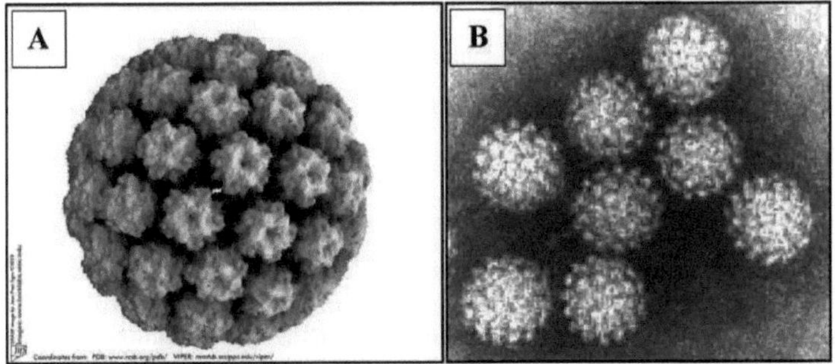

Figura 2.1: Estrutura do genoma do HPV. **(A)** Modelo atómico do HPV com capsídeo viral de forma icosaédrica [73]; **(B)** Micrografia eletrónica de partículas de papilomavírus. (Cortesia de Linda M. Stannard, Universidade da Cidade do Cabo; http://virology- online.com/viruses/Papillomaviruses.htm).

O genoma está dividido em 3 domínios: uma região precoce com 6 quadros de leitura aberta (ORF) E6, E7, E1, E2, E4 e E5; uma região tardia com duas ORF, L1 (a proteína do capsídeo principal) e L2 (a proteína do capsídeo secundário); e uma região reguladora não codificante (NCR) de aproximadamente 1 quilo base (kb). As três regiões estão separadas por sítios de poliadenilação, AE precoce e AL tardio [72].

As proteínas precoces são proteínas não-estruturais envolvidas na replicação e transcrição do genoma (E1-E5) ou na transformação tumoral da célula hospedeira (E6 e E7), enquanto L1 e L2 são as proteínas estruturais do capsídeo do virião. Os genes tardios (L1-L2) codificam as proteínas estruturais do capsídeo viral e são activados durante as fases finais do ciclo viral [74] (Figura 2.2).

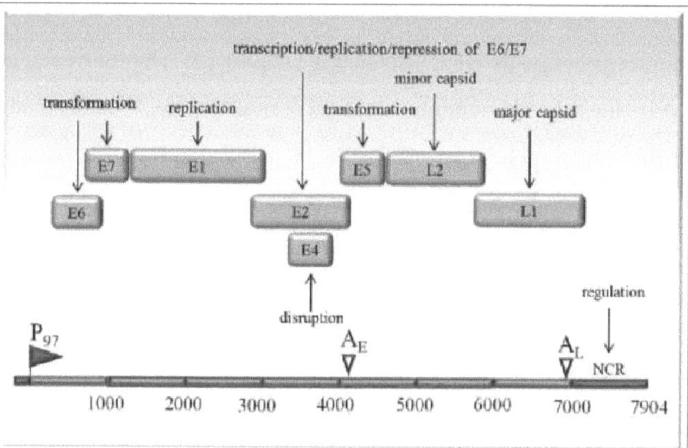

Figura 2.2: Organização genómica da ORF do HPV [75].

Foi sugerido que o genoma viral é replicado durante a fase S celular e que o número de cópias virais/célula é estável, com cerca de 10-200 cópias/célula. As proteínas virais E1 e E2 são as duas proteínas virais mais importantes durante o início da infeção. A E2 desempenha um papel crucial, liga-se ao ADN viral no NCR e recruta a E1, que, por sua vez, recruta as proteínas celulares necessárias para a replicação do ADN, como a ADN polimerase [76].

2.2.2. Classificação do vírus do papiloma humano

A falta de sistemas adequados de cultura de células (epitélios em diferenciação terminal) para propagar estes vírus tem dificultado o progresso no estudo das funções virais e limitado o estabelecimento de uma taxonomia baseada em propriedades biológicas [77].

Na ausência de uma classificação serológica, os HPV têm sido classificados de acordo com o seu genótipo, que é feito através da análise da diferença de nucleótidos num fragmento do gene L1, um gene presente praticamente em todos os vírus do papiloma. A família dos HPV é constituída por mais de 100 genótipos, classificados de acordo com a sua capacidade de infetar e transformar células epiteliais, potencial oncogénico e posição filogenética. São espécies específicas que têm como alvo as células basais da mucosa epitelial [78].

Os genótipos como o HPV-1, 2 e 4 infectam as células epidérmicas, enquanto os HPVs 6, 11,

16 e 18 infectam as células epiteliais da cavidade oral e outras superfícies mucosas [79]. Com base no seu potencial de indução de transformação maligna, os vários genótipos são classificados como "de baixo risco" e "de alto risco" [80]. Os vírus com genótipos de alto risco são os HPV (6, 11, 16, 18, 22, 31, 33, 35, 38, 58, 68 e 70) [81].

Um isolado de HPV é considerado como um novo genótipo se a sequência L1 diferir em mais de 10% de qualquer genótipo de HPV previamente conhecido. Dentro de um genótipo, o que difere entre 2 e 10% é referido como um subtipo e, no máximo, 2% como uma variante, tal como acordado no Workshop Internacional sobre o vírus do papiloma, realizado no Quebeque em 1995 [82, 72]. Como as recombinações intra e intergenómicas são raras, os genótipos podem ser classificados de forma fiável através da análise de apenas uma parte do genoma viral [83].

2.2.3. Estratégias de evasão imunitária do vírus do papiloma humano

Os vírus do papiloma humano têm uma capacidade distinta de escapar ao confronto com o sistema imunitário humano. Esta importante capacidade é conseguida através do ciclo de vida infecioso e de três propriedades básicas do vírus. Em primeiro lugar, as células imunitárias na circulação não conseguem aproximar-se facilmente do vírus, uma vez que não existe uma fase virémica. A infeção inicial situa-se na membrana basal, enquanto apenas as células de Langerhans são abundantes, particularmente nas camadas apicais da mucosa (infeção local). Em segundo lugar, o HPV não provoca danos importantes nas células hospedeiras, como a lise da célula infetada (não citolítica), minimizando a inflamação e a sinalização subsequente, e permitindo que o vírus se duplique "silenciosamente" [84, 85].

O terceiro mecanismo de evasão é o comportamento cuidadoso da expressão genética do vírus. A expressão dos oncogenes do vírus é mantida a níveis baixos ao longo do ciclo de vida inicial e os produtos altamente imunogénicos, como as proteínas do capsídeo L1 e L2, são sintetizados apenas nas camadas superficiais do epitélio [86, 87] (Figura 2.3).

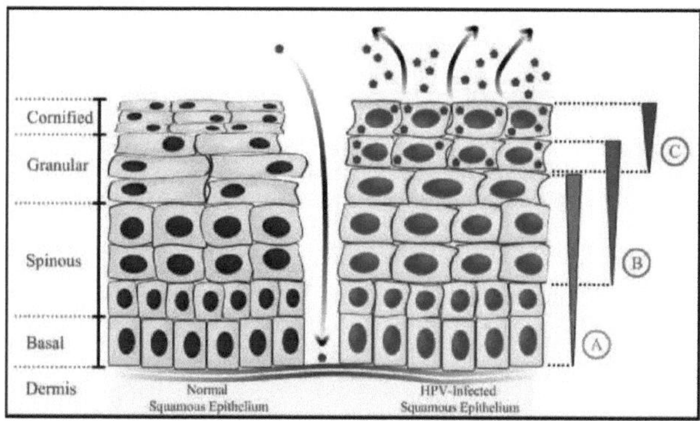

Figura 2.3: Ciclo de vida do vírus do papiloma humano e evasão imunitária. **(A):** Expressão dos genes precoces E1, E2, E6 e E7; **(B):** Amplificação do genoma viral; **(C):** Montagem e libertação do virião [88].

A resposta do interferão à infeção por HPV, um mecanismo de defesa antiviral essencial [89], é ativamente suprimida pelas proteínas E6 e E7 dos HPV de alto risco, que inibem as vias de sinalização do recetor do interferão e a ativação dos genes de resposta ao interferão [85]. As proteínas E7 regulam negativamente o TLR9 [90] e, em geral, o HPV evita eficazmente a resposta imunitária inata, atrasando a ativação da imunidade adaptativa.

2.2.4. Carcinogénese do vírus do papiloma humano

O potencial oncogénico do HPV pode ser devido à integração do seu ADN genómico no núcleo da célula hospedeira, o que resulta na desregulação da expressão das oncoproteínas E6 e E7 [91].

O HPV E6 liga-se e promove a degradação da proteína supressora de tumores p53, que é um fator de transcrição bem estudado que induz a paragem do ciclo celular ou a apoptose em resposta ao stress celular ou a danos no ADN, tendo-lhe sido atribuídos os papéis de "guardião do genoma" e "polícia dos oncogenes" [92].

As funções do p53 no ciclo celular incluem o controlo da transição da fase G1/S do ciclo celular no ponto de verificação G1 através da indução da expressão dos inibidores de ciclinas p16, p21 e p27 que bloqueiam as actividades dos complexos de cinases dependentes de ciclinas (CDKs), mediando assim a paragem do ciclo celular ao bloquear a progressão do ciclo celular na transição G1/S [93].

Embora a maioria dos cancros seja determinada por mutações na p53, nos carcinomas associados ao HPV a p53 funcional de tipo selvagem é degradada pela oncoproteína E6; além disso, as células que expressam a oncoproteína E6 do HPV-16 apresentam instabilidade cromossómica [94, 95].

O HPV E7 actua de forma semelhante, bloqueando outra proteína chamada retinoblastoma (Rb) que pode desencadear a paragem do crescimento e a senescência (outra forma de morte celular). A ligação do E7 à Rb, cuja função é controlar a transição da fase G1/S do ciclo celular através da ligação do fator de transcrição E2F, como consequência da libertação do E2F, resulta na perda do ponto de verificação no local G1 e na entrada da célula na fase S, levando à rutura do ciclo celular, à proliferação celular e à transformação maligna [96] (Figura 2.4).

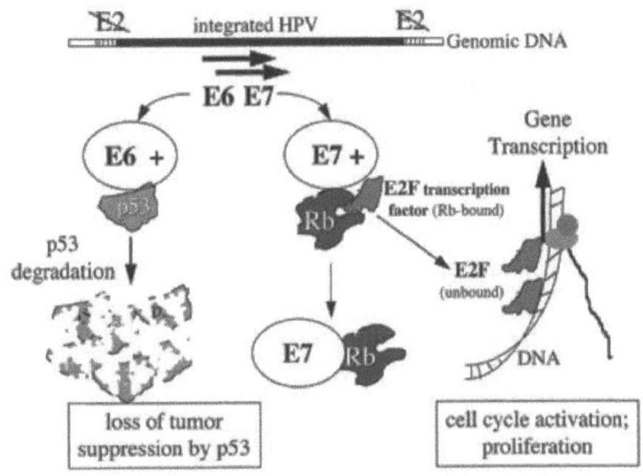

Figura 2.4: Oncogénese induzida pelo HPV através das oncoproteínas E6 e E7 [97].

2.2.5. Vírus do papiloma humano e cancro oral

O envolvimento do HPV na carcinogénese oral e orofaríngea foi proposto pela primeira vez em 1983 por Syrjanen *et al.* (1983), que revelaram que 40% dos COs e laríngeos continham semelhanças histológicas e morfológicas com lesões infectadas com HPV, e 50% das amostras demonstraram proteínas estruturais do HPV por imunohistoquímica [98].

Acredita-se que um dos principais eventos da carcinogénese induzida pelo HPV é a integração do genoma do HPV num cromossoma do hospedeiro. A integração do genoma do HPV ocorre frequentemente perto de locais frágeis do genoma humano, mas não há locais aparentes para a integração e não há provas de mutagénese insercional [99]. Para além disso, outros estudos provaram a existência de um efeito sinérgico entre o HPV e o álcool. O risco de OC foi aumentado em consumidores abusivos de álcool detectados com o vírus, em comparação com os consumidores de bebidas cancerígenas HPV-negativas [100].

Verificou-se que a prevalência da deteção do HPV varia muito, dependendo da população, da localização da lesão cancerosa, do tipo de amostra e do método de deteção. O HPV foi mais frequentemente detectado em CCEO da orofaringe e da amígdala do que noutros locais da cabeça e do pescoço [101].

A infeção do epitélio oral com tipos específicos de alto risco de HPV pode desempenhar um papel fundamental no desenvolvimento de CO, causando lesões precursoras e mantendo o crescimento maligno, este mecanismo é visto em distúrbios orais potencialmente malignos, como leucoplasia, eritroplasia e líquen plano oral (principalmente o tipo erosivo e atrófico) [102]. Num estudo de Guily *et al.*, (2011) revelaram que a prevalência global do HPV foi de 10,5% nos carcinomas da cavidade oral. O HPV 16 foi o tipo mais prevalente e foi encontrado em 95,5% dos casos de carcinoma da cavidade oral HPV-positivo [103].

Vários estudos realizados em diferentes áreas geográficas revelam a associação entre o HPV e o cancro oral, variando a prevalência média entre 6% e 93%, sendo o HPV-16 o genótipo predominante, utilizando diferentes técnicas de deteção (Quadro 2.1).

Tabela 2.1: Associação do vírus do papiloma humano e cancro oral em alguns estudos.

Não	País	N.º de casos positivos	%	Tipo de HPV	Método	Referências
1	Índia	6/102	6	16,18	PCR	Koppikar *et al.*,(2005)[104]
2	EUA	20/59	34	16	RT-PCR	Chuang *et al.*, (2008) [105]
3	Suécia	71/95	75	16,33	PCR	Attner *et al.*, (2009) [106]
4	Sérvia	6/60	10	16	PCR	Greer *et al.*, (2009) [107]
5	Suécia	43/46	93	16,33,35,5 9	PCR	Näsman *et al.*, (2009) [108]
6	Irão	9/22	40.9	16	PCR	Sahebjamee *et al.*,(2009)[109]
7	EUA	9/16	56	16	PCR	Bennett *et al.*, (2010) [110]
8	Alemanha	21/39	53	16	RT-PCR/ IHC	Hoffmann *et al.*,(2010)[111]
9	Índia	15/62	24	16,18	PCR	Jalouli *et al.*, (2010) [40]

10	Índia	24/34	70.6	16,18	PCR	Kulkarni *et al.*, (2011) [112]
11	Japão	6/50	12	16,31,58, 61	PCR	Ishibashi *et al.*, (2011) [113]
12	Itália	7/64	11	6,16, 31	Sequenciação de ADN	Pannone *et al.*, (2012) [114]
13	KSA	2/78	2.5	16,2	Sequenciação de nova geração	Samman *et al.*, (2014) [115]
14	Irão	17/39	43.6	16,18	PCR	Tabatabai *et al.*,(2015) [116]

RT-PCR, reação em cadeia da polimerase em tempo real; IHC, imunohistoquímica; PCR, reação em cadeia da polimerase; KSA, Reino da Arábia Saudita; EUA, Estados Unidos da América.

2.2.6. Vírus do papiloma humano tipo 16/18 e cancro oral

Uma forte associação entre a positividade para o HPV-16 e os cancros primários da orofaringe foi relatada por Gillison *et al.* (2008) numa análise de controlo de casos [117].

Entre os muitos tipos de HPV de alto risco, o HPV-16 é o mais comum, encontrado em quase 90% dos cancros orofaríngeos HPV positivos e continua a ser o único tipo de HPV classificado como causador de cancro no CECP [118-120].

Um estudo de Hasan e Ali, (2011); investigou a prevalência e genotipagem de espécimes de tecido de arquivo de ADN de HPV com CCEO utilizando hibridização *in situ* com sondas de ADN de HPV de alto risco coquetel e especificadas de 72 espécimes de tecido (41 pacientes com CCEO e 31 indivíduos com tecidos orais aparentemente saudáveis). Entre o grupo de CCEO, 16 espécimes continham ADN de HPV relacionado com os genótipos de HPV do cocktail (39%), o HPV-18 foi predominante (68,75%), enquanto o HPV-16 representou (43,75), seguido do HPV-31/33 (12,5%). Foi detectada uma infeção mista de genótipos de HPV em 31,3%. A deteção do ADN do HPV também foi documentada em 3,2% dos tecidos que apareciam como saudáveis nos exames histopatológicos [121].

Tabatabai *et al.* (2015) realizaram um estudo de caso-controlo para determinar a prevalência do HPV-16/18 no CCEO e na mucosa oral normal em indivíduos iranianos. Foram investigadas 66 amostras de tecido embebidas em parafina (39 CCEO e 27 mucosa oral normal). Dos 39 doentes com CCEO, apenas 17 doentes (representando 43%) foram positivos para o ADN do HPV 16/18 e o tipo mais frequente no grupo de doentes foi o tipo HPV-16. Sugeriram que o HPV é um fator de risco independente do álcool e que o tabaco pode ser eficaz na carcinogénese da mucosa oral [116].

A avaliação da presença de HPV em amostras de saliva de 22 doentes com CCEO e 20 controlos saudáveis foi realizada por SahebJamee *et al.*, (2009) no Irão; revelou a presença de ADN do HPV em 40,9% dos doentes e em 25% dos controlos. Em 27,3% dos doentes e em 20% dos controlos, a saliva revelou-se positiva para o HPV-16; e nenhum dos controlos, exceto um doente, revelou-se positivo para o HPV-18 [109].

Um estudo realizado por Samman *et al.* (2014) na Arábia Saudita não indicou qualquer envolvimento conclusivo do HPV no carcinoma verrucoso oral utilizando a análise de sequenciação de nova geração. Foi detectada uma sequência de HPV-16 de alto risco num carcinoma e numa hiperplasia dos 78 casos, com cargas virais de 2,24 e 8,16 genomas virais por célula, respetivamente [115].

2.2.7. Métodos de deteção do vírus do papiloma humano no cancro oral

O HPV não pode ser cultivado em culturas de células convencionais, o exame citológico e histopatológico, que é um aspeto logístico importante dos testes clínicos de rotina para detetar a presença do HPV, que tem como critérios principais os coilócitos clássicos, halos perinuclearescitoplasmáticos e displasia nuclear; no entanto, este método tem uma sensibilidade limitada e não faz a genotipagem do HPV [122].

2.2.7.1. Métodos indirectos de deteção do vírus do papiloma humano

A) Deteção de anticorpos no soro:

Os métodos de deteção de anticorpos no soro contra as proteínas L1 e L2 do capsídeo viral, bem como contra as oncoproteínas virais E6 e E7, têm sido utilizados em estudos epidemiológicos. No entanto, estes anticorpos nunca são específicos do local e podem também ser o resultado de uma infeção anterior [123, 124].

B) Deteção da proteína p16^{INK4a}, que é regulada positivamente após a infeção por HPV:

A sobreexpressão da p16^{INK4a} tem sido, de longe, a mais frequentemente utilizada para definir o estatuto positivo do HPV no cancro da cabeça e do pescoço. A p16^{INK4a} é regulada positivamente como resultado da degradação da pRb, causada pela oncoproteína viral E7 [125].

2.2.7.2. Métodos diretos de deteção do vírus do papiloma humano

As técnicas moleculares têm uma maior sensibilidade e especificidade na deteção e genotipagem do HPV [126]. Os testes de sonda baseados em ácidos nucleicos são a forma mais avançada de métodos de diagnóstico bioquímico, podendo a quantidade de moléculas-alvo ser detectada através de procedimentos de amplificação ultra-sensíveis [127]. Estes são:

1) Sistemas de amplificação de sinais:

Estes métodos baseiam-se na utilização de sondas marcadas que hibridizam especificamente com o ADN intracelular do HPV. A identificação dos genótipos do HPV exigiria a utilização de sondas específicas do tipo [128].

- hibridação *in situ* (ISH)
- Southern blot
- Hibridação de pontos
- Sistema de captura híbrida II (hc2, Diagene Corp, EUA)

2) Sistemas de amplificação de alvos

O método mais utilizado é a PCR, que utiliza um processo de termociclagem e emprega iniciadores de oligonucleótidos que flanqueiam a região de interesse para amplificar o ADN na presença de uma polimerase de ADN termoestável.

- **PCR de largo espetro:** Os iniciadores de consenso ou gerais da PCR podem ser utilizados para amplificar um amplo espetro de genótipos do HPV. Esses iniciadores visam uma região conservada em diferentes genótipos do HPV, como a região L1, que é a parte mais conservada do genoma [129]. Foram também descritos iniciadores gerais na região E1 [130].

- **PCR em tempo real:** Os iniciadores de PCR específicos do tipo podem ser combinados com sondas fluorescentes para deteção em tempo real [131], embora a multiplexagem de vários iniciadores específicos do tipo numa única reação possa ser tecnicamente difícil. Foram também utilizados iniciadores de PCR de largo espetro na PCR em tempo real [132]. A genotipagem de produtos de PCR de largo espetro requer uma mistura de sondas e, uma vez que todas elas têm caraterísticas de hibridação diferentes, a normalização é difícil [133].

- **RT-PCR:** Também é possível procurar ARN viral específico incorporando uma etapa de transcriptase reversa (RT) antes da amplificação por PCR. Atualmente, existe um ensaio de

ARN baseado no HPV disponível no mercado, o PreTect HPV Proofer (Norchip AS Klokkarstua, Noruega). Este ensaio incorpora a amplificação baseada na sequência de ácidos nucleicos dos transcritos de ARNm E6/E7 antes da deteção específica do tipo através de balizas moleculares para os HPV 16, 18, 31, 33 e 45 [134].

3) Deteção e análise de produtos de amplificação

O produto da amplificação pode ser facilmente detectado por eletroforese em gel de agarose normal. No entanto, o aumento da sensibilidade e da especificidade da análise subsequente específica da sequência pode ser efectuado através dos seguintes métodos:

- **Análise direta da sequência dos produtos PCR**

Atualmente, estão também disponíveis métodos de sequenciação rápida de produtos de PCR de elevado rendimento, permitindo assim a sua aplicação em análises clínicas de rotina [135]. O genótipo pode ser deduzido a partir de uma sequência de HPV através de dois métodos. Em primeiro lugar, a sequência pode ser utilizada para interrogar uma base de dados de sequências utilizando uma pesquisa de homologia. Estão disponíveis na Internet bases de dados extensas que podem ser acedidas gratuitamente em http://www.ncbi.nlm.nih.gov. O software BLAST permite pesquisas rápidas de homologia de uma sequência numa base de dados de sequências continuamente actualizada [136].

Em segundo lugar, podem ser efectuadas análises filogenéticas. A nova sequência pode ser utilizada num alinhamento de sequências múltiplas com um conjunto de sequências de HPV conhecidas, representativas de diferentes genótipos de HPV. Com base no alinhamento das sequências, pode ser construída uma árvore filogenética, que fornece uma representação gráfica das relações evolutivas entre a sequência detectada e as sequências de referência, e pode ser deduzido um genótipo. É de notar que a classificação formal dos genótipos se baseia inteiramente na análise da sequência do genoma viral, ao passo que a genotipagem de amostras clínicas é efectuada através da análise de apenas uma parte limitada, mas representativa, do genoma [136]. Outros métodos são os seguintes

- PCR e polimorfismo de comprimento de fragmentos de restrição (PCR-RFLP)
- Análise de hibridação de produtos PCR
- Hibridação em placas de microtitulação
- Hibridação inversa

2.3. MicroRNA

2.3.1. Descoberta histórica

Existem provas fiáveis de que as sequências de ADN nas chamadas regiões genómicas "lixo" podem desempenhar um papel importante na regulação da expressão genética. Estas regiões codificam sequências conhecidas como microRNAs, que pertencem à classe das pequenas moléculas de RNA com um comprimento de 19-24 nucleótidos [137].

Victor Ambros e os seus colegas descobriram o primeiro miRNA (lin-4) em 1993, enquanto estudavam o gene heterocrónico lin-14 em vermes, tendo sido caracterizado como uma pequena molécula de ARN não codificante. O ARNm lin-4 controla o tempo de desenvolvimento das larvas de *Caenorhabditis elegans* [13]. No entanto, as funções mais importantes do miRNA permaneceram desconhecidas e durante 7 anos o lin-4 foi considerado uma anomalia, até à descoberta de um segundo miRNA *de C. elegans*, denominado let-7 [138].

Os genes *lin-4* e *let-7* não são homólogos e actuam de forma semelhante para desencadear a transição para as fases tardia-larvar e adulta [139]. A identificação de homólogos de let-7 em muitas espécies de vertebrados, incluindo os seres humanos, estimulou um grande esforço de clonagem de pequenos RNAs, demonstrando que os miRNAs são evolutivamente conservados em muitas espécies e são frequentemente expressos de forma ubíqua [140].

2.3.2. Biogénese do microRNA

Cerca de 40 por cento dos loci de miRNA estão presentes na região intrónica e cerca de 10 por cento na região exónica, e aproximadamente 40 por cento estão localizados nos intrões dos genes codificadores de proteínas, enquanto os restantes genes de miRNA estão localizados noutras regiões [141]' A biogénese do miRNA pode ser resumida em 3 fases principais:

- Transcrição do gene pela RNA-polimerase II (RNA Pol II) e formação do transcrito primário do gene do miRNA com estrutura em laço (pri-miRNA) com cerca de 100-20 nucleótidos de comprimento;

- Formação de moléculas precursoras de miRNA com cerca de 70 nucleótidos de comprimento (pré-miRNA);

- A fase final é a maturação do miRNA efector de cadeia dupla com 22 nucleótidos [142],

(Figura 2.5).

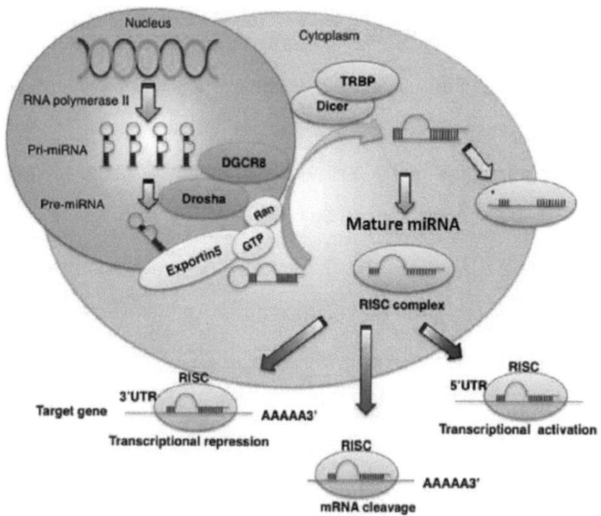

Figura 2.5: Biogénese e função do microRNA.

Os miRNAs são transcritos pela RNA polimerase II como pri-miRNA, e são processados no núcleo por Drosha-DGCR8 em pré-miRNAs. O produto da clivagem do pri-miRNA, o pré-miRNA, é exportado para o citoplasma pela exportina-5 e posteriormente clivado num complexo composto por Dicer e TRBP. A cadeia de miRNA madura é incorporada no complexo de silenciamento induzido por RNA (RISC), que contém as proteínas Argonauta e GW182. Como parte deste complexo, o miRNA maduro regula a expressão genética ligando-se a sequências parcialmente complementares nas 3 UTRs dos mRNAs alvo, levando à degradação do mRNA ou à inibição da tradução [143].

Enquanto uma das duas cadeias é selecionada como cadeia-guia (cadeia principal), a cadeia complementar ou cadeia passageira (miRNA*) é normalmente degradada [144]. Considerou-se inicialmente que o miRNA* não tinha qualquer função e era degradado; no entanto, provas recentes sugerem que pode ser utilizado como cadeia funcional e pode desempenhar papéis biológicos importantes [145, 146] .

O miRNA maduro é incorporado a um complexo conhecido como complexo de silenciamento induzido por RNA (RISC), que contém as proteínas GW182 e Aronaute (Ago 2). Como parte deste complexo, o miRNA maduro regula a expressão genética ligando-se a sequências parcialmente complementares na região 3' não traduzida (UTR) dos mRNAs alvo, levando à degradação do mRNA ou à inibição da tradução [144].

A maioria dos miRNAs liga-se ao UTR 3' dos mRNAs-alvo e, na maioria dos casos, forma heterodúplexes de bases imperfeitas com as sequências-alvo. Os nucleótidos 2 a 8 do miRNA, designados por sequências "semente", são essenciais para o reconhecimento e a ligação ao alvo [147].

2.3.3. Mecanismo de ação do microRNA

A função de um miRNA é, em última análise, definida pelos genes que tem como alvo e pelos seus efeitos na respectiva expressão. Prevê-se que um determinado miRNA tenha como alvo várias centenas de genes, e quase 60% dos mRNAs têm sítios de ligação previstos para um ou vários miRNAs na sua região não traduzida (UTR) [148].

Estima-se que os miRNAs regulem 10-30% de todos os genes codificadores de proteínas. Fazem-no de duas formas: em primeiro lugar, os miRNAs ligam-se a sequências de mRNA codificadoras de proteínas que são exatamente complementares ao miRNA, levando à clivagem do mRNA por Ago 2 no complexo RISC. Este mecanismo é comummente observado nas plantas, embora alguns estudos o relatem em animais [149].

No segundo e mais comum mecanismo, os miRNAs exercem o seu efeito ligando-se a sítios complementares imperfeitos nos 3' UTRs dos seus mRNAs codificadores de proteínas-alvo, levando à repressão da expressão desses genes ao nível da tradução por dois mecanismos de silenciamento; há provas de que os miRNAs bloqueiam o início da tradução, enquanto outros estudos sugerem um bloqueio na elongação [150, 151].

2.3.4. Regulação do microRNA no cancro

Os miRNAs desempenham um papel crucial na progressão do cancro humano, e o perfil de expressão em doenças malignas humanas identificou assinaturas associadas ao desenvolvimento, progressão e prognóstico do cancro [16, 152].

As regiões cromossómicas que codificam miRNAs oncogénicos e que estão envolvidas na regulação negativa de um gene supressor de tumor podem ser amplificadas em associação com o desenvolvimento do cancro. Esta amplificação resultaria na regulação positiva de miRNAs oncogénicos e no silenciamento de genes supressores de tumores [153].

Por outro lado, os miRNAs que têm como alvo os oncogenes estão frequentemente localizados em locais frágeis, onde podem ocorrer deleções ou mutações, levando à redução ou perda de miRNAs e à sobreexpressão dos seus oncogenes alvo. A desregulação da expressão dos miRNAs afecta processos associados à progressão do cancro, como a indução da atividade anti-apoptótica, a resistência aos medicamentos, a invasão dos tecidos e as metástases [154], (Figura 2.6)

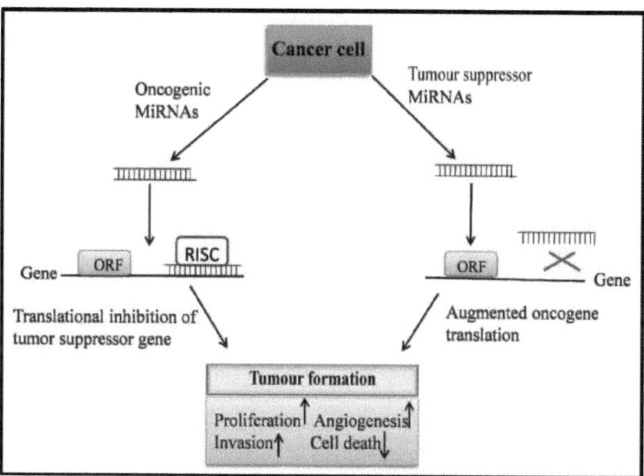

Figura 2.6: MicroRNAs como oncogenes [155].

2.3.5. Utilização de microRNAs como potencial biomarcador do cancro oral

Os microARN podem ser utilizados como biomarcadores em fluidos corporais, como o sangue e a saliva, uma vez que se demonstrou que circulam de forma estável tanto em doentes saudáveis como em doentes com cancro [156, 144]. Esta estabilidade deve-se à sua inclusão em complexos lipídicos ou lipoproteicos, como os corpos apoptóticos, as microvesículas ou os exossomas, que impedem a sua degradação por RNAses [157].

Os exossomas são, fundamentalmente, organelos celulares ligados à membrana, cujo tamanho varia entre 30 e 100 nm de diâmetro. Têm origem no retículo endoplasmático e estão abundantemente cheios de ARNm e ARNm [158]. A exocitose é um dos mecanismos de acumulação de ARN na saliva, pelo que a sua análise cuidadosa fornece informações para o diagnóstico de CO [159].

Wong *et al.,* (2009) detectaram a presença de miR-184 no plasma de 80% dos doentes com cancro escamoso da língua (todos os estádios) em comparação com 13% dos doentes saudáveis [160]. Entretanto, existem dois miRs salivares (miR-125a e -200a) que demonstraram estar substancialmente reduzidos em doentes com carcinoma oral em comparação com controlos saudáveis [161]. No carcinoma oral, foram detectados miR-31 e miR-24 quando comparados com indivíduos de casos controlados; além disso, os miRs plasmáticos mostraram-se reduzidos após a ressecção do tumor, o que implica que estes miRs podem ser libertados dos tecidos cancerosos para a circulação e a sua potencial utilização como marcador da progressão da doença [162, 163].

Clague *et al.,* (2010), relataram a correlação entre um alelo variante do miR-26a e um risco acrescido de desenvolver lesões orais pré-malignas [164]. Os miRs circulantes no plasma têm, por conseguinte, o potencial de ser um poderoso biomarcador para o carcinoma oral [156].

2.3.6. MicroRNA-31 e cancro oral

O microRNA-31 (miR-31) é codificado pelo gene hospedeiro LOC554202 com o primeiro intrão, constituído por 71 bases e situado no cromossoma humano 9 [165]. Um estudo de Augoff *et al.* (2012) confirmou estes resultados e sugeriu que o LOC554202 é transcrito num ARN longo não codificante, o ARN (Lnc) [166].

O miRNA-31 foi encontrado regulado positivamente numa grande variedade de neoplasias, incluindo cancro da cabeça e do pescoço, carcinoma hepatocelular e carcinoma colorrectal, e este miRNA parecia ser oncogénico para estas neoplasias [167, 168, 65 e 162]. Um estudo subsequente efectuado pelo mesmo grupo comparou os níveis de miR-31 salivar de doentes com CCEO e leucoplasia verrucosa oral (LVO), tendo sido encontradas diferenças significativas no CCEO em comparação com LVO e indivíduos saudáveis [16].

Lajer *et al.*, (2011), utilizaram 51 biópsias e submeteram-nas a uma análise de microarray e descobriram que a perturbação mais significativa entre o grupo do carcinoma e os indivíduos aparentemente saudáveis era a regulação positiva do miR-31 [169].

O nível plasmático de miR-31 foi significativamente elevado em doentes com CCEO e foi notavelmente reduzido após a ressecção do tumor, sugerindo que este marcador está associado ao tumor [162]. Outro estudo do mesmo grupo revelou que o miR-31 estava acentuadamente regulado em tecidos de CCEO e media a oncogénese oral através da regulação das vias de hipoxia nas células, visando uma molécula que inibe o fator indutor de hipoxia [170]. Weber *et al.*, (2010), compararam os níveis de expressão de microRNA em 12 fluidos corporais, incluindo fluidos tradicionalmente utilizados como o plasma, e concluíram que a saliva tinha a concentração mais elevada de miRs [171].

A saliva como meio de diagnóstico oferece uma abordagem fácil, barata, segura e não invasiva, sendo amplamente aceite como um meio potencial para o diagnóstico clínico [172, 173]. Apesar das várias vantagens da estimativa de biomarcadores salivares, existem desvantagens. A concentração da maioria dos analitos na saliva é muito baixa (100-1000 vezes) em comparação com a sua concentração no sangue; contudo, no que se refere à amostragem de saliva no CO, isto pode não ser uma limitação, uma vez que os biomarcadores são normalmente libertados localmente a partir do local do tumor [174].

Capítulo 3. Sujeitos, materiais e métodos

3.1. Temas

3.1.1. Grupo de estudo

Trinta e cinco pacientes com cancro oral foram analisados na clínica de cirurgia maxilofacial de três hospitais em Bagdade: Ghazi Al-Hariri for Specialized Surgery Hospital, Al-Emamain Al-Khadhmyain City Hospital e Al-Yarmouk Teaching Hospital, durante o período de abril de 2014 a abril de 2015, foram recrutados para este estudo de controlo de casos. Todos os casos de cancro oral foram recentemente diagnosticados clinicamente e o diagnóstico foi confirmado histopatologicamente por dois patologistas independentes.

O grupo de estudo incluiu 24 homens e 11 mulheres com idades compreendidas entre os 24 e os 74 anos. Foram aplicados os seguintes critérios de inclusão a estes doentes:

1. O cancro oral deve ser o principal em cada paciente.

2. O doente não recebeu qualquer tratamento anterior sob a forma de quimioterapia, radioterapia, cirurgia ou qualquer outro tratamento alternativo.

3. As amostras de saliva foram recolhidas no momento da apresentação e mantidas em congelação a -80 C até à confirmação do diagnóstico de cancro oral pelo histopatologista.

Esta investigação foi sujeita aos termos das considerações éticas e, em conformidade com o formulário preparado para o efeito pelo Ministério da Saúde iraquiano, obteve também a aprovação do Comité de Normas Éticas da Faculdade de Medicina da Universidade de Al-Nahrain.

3.1.2. Indivíduos aparentemente saudáveis

Foram selecionados 20 indivíduos aparentemente saudáveis, com idade e sexo compatíveis com o grupo de estudo. Foram recrutados numa clínica dentária privada que procurava cuidados dentários normais. Forneceram amostras de saliva após terem dado o seu consentimento. Os voluntários não tinham antecedentes de doenças auto-imunes ou malignas, não eram fumadores e não bebiam álcool.

3.2. Recolha de dados

Os dados foram recolhidos através de uma entrevista direta com os doentes, utilizando um formulário de questionário; as informações recolhidas dos doentes foram submetidas a determinadas folhas de dados de inquérito (incluindo dados demográficos, resultados histopatológicos da biopsia incisional no caso de casos de referência, consumo de tabaco/álcool, antecedentes médicos, presença de doenças sistémicas, tais como diabetes, doenças auto-imunes, periodenite e líquen plano, bem como relatório da biopsia excisional após a cirurgia (Anexo I).

3.3. Recolha de saliva

As amostras de saliva inteira não estimuladas foram colhidas entre as 9 e as 11 horas da manhã, tal como previamente descrito por Navazesh, (1993) com várias modificações [175]. Foi pedido aos doentes suspeitos e aos indivíduos saudáveis que se abstivessem de comer, beber e fumar pelo menos 1 hora antes da colheita. Pediu-se aos indivíduos que cuspissem saliva inteira para um tubo cónico Falcon® estéril de 50 ml. Foi-lhes pedido que baixassem a cabeça e deixassem a saliva correr naturalmente para a parte da frente da boca, que a segurassem durante algum tempo e que a despejassem no tubo fornecido. Os indivíduos cuspiram no tubo de recolha cerca de uma vez por minuto, durante um máximo de 10 minutos. O objetivo para esta doação de saliva total é obter 5 ml. O tubo foi colocado num copo de esferovite com gelo picado.

Após a colheita, as amostras de saliva foram brevemente agitadas em vórtex durante cerca de 20 segundos, depois centrifugadas a 2600 x g rpm durante 15 minutos a 4 °C, o sobrenadante da saliva que foi separado da fase celular foi recolhido e colocado num tubo Eppendorf de 1 pl limpo (esterilizado por UV), depois tanto o sobrenadante da saliva como as amostras de sedimento celular foram imediatamente congelados a -80 °C, até à altura da extração do ADN e do ARN. Este procedimento foi efectuado no Instituto Médico Legal/Ministério da Saúde. O trabalho laboratorial relativo à deteção viral foi efectuado no Laboratório Central de Saúde Pública/Direção de Saúde Pública/Ministério da Saúde.

3.4. Materiais

3.4.1. Instrumentos e equipamentos

Todos os instrumentos e equipamentos utilizados durante o estudo são enumerados no Quadro 3.1.

Tabela 3.1: Instrumentos e equipamento utilizados neste estudo.

Não.	Instrumento / equipamento	Empresa	País
1	Micro pipeta ajustável 10-100μl, 20- 200μl, 100-1000μl	Eppendorf	Alemanha
2	Folha de alumínio	Sanita	Líbano
3	Becker 3000ml/400ml	Ilmabor	Alemanha
4	Câmara de segurança biológica UV	Jouan	França
5	Centrifugadora fria	Hettich	Alemanha
6	Pente	Consorte	Alemanha
7	Caixa Fixe	Myare	China
8	Congelador (-80°C)	Jouan	**França**
9	Câmara digital	Sony	Japão
10	Tubos Eppendorf 1 μL	Sigma	Inglaterra
11	Exispin vortex/centrifugadora	Bioneer	Coreia
12	Suporte de filtros Rnase/DNase seguro	Promega	EUA
13	Pontas de filtro para micro pipetas ajustáveis de 100μl, 200μl e 1000μl	Promega	EUA
14	Congelador (-20°C)	Froilabo	França
15	Tubos cónicos de polipropileno de alta transparência (50 ml, 10 ml) (para recolha de saliva)	BD Falcão	EUA
16	Centrifugadora a frio de alta velocidade	Eppendorf	Alemanha
17	Incubadora	Memmert	Alemanha
18	Tubos de microcentrifugação (tubos Eppendorf de 1,5 μL e 2 μL)	Promega	EUA
19	PCR em tempo real Miniopticon	Bio-Rad	EUA
20	Espectrofotómetro Nanodrop 260/280nm	Thermo Scientific	REINO UNIDO
21	Forno	Memmert	Alemanha
22	Tubos PCR 0,2μl	Citoteste	China
23	Luvas de látex sem pó	Skintex	Malásia
24	Alimentação eléctrica	Consorte	Alemanha
25	Frigorífico	Concórdia	Líbano
26	Tubos Eppendorf sem RNase 2 μL	Eppendorf	Alemanha

27	Equilíbrio sensível	Sartorius	Alemanha
28	Luvas cirúrgicas de látex esterilizadas	Deansgate	China
29	Copo de esferovite	Ghandoura	KSA
30	Tanque	Consorte	Alemanha
31	Suporte para tubos de ensaio (13mm/16mm)	Meheco	China
32	Termociclador Veriti 96 poços	Biossistema Aplicado	EUA
33	Aparelho termociclador	Bioneer	Coreia
34	Tabuleiro	Consorte	Alemanha
35	Transiluminador ultra-violáceo	Vilber	França
36	Vórtice	CYAN	Bélgica
37	Banho de água	Kottermann	Alemanha

3.4.2. Bioquímicos

Os bioquímicos e materiais biológicos utilizados neste estudo estão listados na Tabela 3.2.

Tabela 3.2: Materiais bioquímicos utilizados neste estudo

Não.	Bioquímica	Empresa	País
1	Agarose	Bio básico	Canadá
2	Clorofórmio	Labort	Índia
3	Água da DEPC	Bioneer	Coreia
4	Etanol absoluto	Labort	Índia
5	Brometo de etídio 10mg/ml	Bio básico	Canadá
6	Isopropanol	Labort	Índia
7	Marcador de peso molecular Escada de ADN de 100 pares de bases	Bioneer	Coreia
8	Água sem RNase	Bioneer	Coreia
9	Água PCR	Bioneer	Coreia
10	Tampão Tris-base-ácido borato-EDTA (TBE) 10X	Bio básico	Canadá

3.4.3. Kits

3.4.3.1. Kits de deteção do vírus do papiloma humano

Os kits utilizados para a deteção do HPV são enumerados no quadro 3.3.

Quadro 3.3: Os kits utilizados para a deteção viral e o respetivo fabricante

Não.	Kit	Empresa	País
1	**Extração de ADN genómico AccuPrep**	**Bioneer**	**Coreia**
	Proteinase K, liofilizada 25 mg X 2 frascos		
	Tampão de aglutinação (GC) 25 ml		
	Tampão de lavagem (W1) 40 ml		
	Tampão de lavagem (W2) 20 ml		
	Tampão de eluição (EL) 30 ml		
	Tubos de coluna de aglutinação Tubos de 1,5 ml (para eluição) 100		
	Tubos de 2 ml (para filtração) 100		
2	**AccuPower® PCR PreMix**	**Bioneer**	**Coreia**
	Taq DNA polimerase 1 U		
	Cada um dos dNTPs (dATP, dCTP, dGTP, dTTP) 250 μM		
	Tris-HCl (pH 9,0) 10 mM		
	KCl 30 mM		
	$MgCl_2$ 1,5 mM		
	Estabilizador e corante de rastreio		
3	**Extração de ADN em gel com coluna de centrifugação EZ-10**	Bio básico	Canadá
	Tampão de ligação II 50 ml		
	Solução de lavagem 20 ml		
	Tampão de eluição 5 ml		
	Coluna EZ-10 50 unidades		

3.4.3.2. Expressão genética do microRNA-31 Kits

Os kits utilizados para efetuar a análise da expressão genética do miR-31 estão indicados no quadro 3.4.

Tabela 3.4: Os kits utilizados para a expressão do gene micrRNA-31 e o respetivo fabricante

Não.	Kit	Empresa	País
1	**Isolamento de ARN total AccuZol**	**Bioneer**	**Coreia**
	Reagente Trizol 100 ml		
2	**Enzima DNase I**	**Promega**	**EUA**
	DNase livre de RNase 1.000 U		
	Solução de paragem 1ml		
	Tampão de reação DNase 10X 1ml		
	Água da DEPC		
3	**AccuPower® RocketScript™ RT PreMix**	**Bioneer**	**Coreia**
	Transcriptase reversa RocketScript 200 U		
	Tampão de reação 5X 1X		
	DDT 0,25 mM		
	Cada dNTP (dATP, dCTP, dGTP, dTTP) 250 mM		
	Inibidor de RNase 1 U		
4	**AccuPower® Plus DualStar™ qPCR PreMix**	**Bioneer**	**Coreia**
	Mistura para qPCR AccuPower Plus DualStar		
	Exiycler 8-well strip, 12 tiras, 50 µl/rxn, película ótica incluída		
	Exicycler™ Placa de 96 poços		
	Água DEPC 1,2 ml X 4 tubos		

3.4.4. Primers e sondas

3.4.4.1. Primers para PCR do vírus do papiloma humano

Os primers para a PCR do HPV foram concebidos no presente estudo utilizando a sequência completa do gene do vírus do papiloma humano (L1) (GenBank: JX316023.1) do National Center for Biotechnology Information (NCBI) (http://www.ncbi.nlm.nih. gov/), a base de dados Gene-Bank e o Primer3 plus online (http://www.bioinformatics.nl/cgi-bin/primer3plus/primer3plus.cgi/) e foram fornecidos pela (Bioneer, Coreia), como indicado no quadro 3.5.

Quadro 3.5: Primers do gene L1 do vírus do papiloma humano

Primários	Sequência		Amplicon
gene HPV-L1	F	ACTGGAAAGGTGCTTGTACC	321 pb
	R	ACAGGGTTCACAGCCAACAA	

3.4.4.2. MicroRNA-31 Primers e sonda

Os primers e a sonda para o microRNA-31 foram concebidos utilizando a base de dados do The Sanger Center miRNA Registry (http://www. sanger.ac.uk/Software/Rfam/mirna/ index. shtml) para selecionar a sequência do miRNA-31 e utilizando a miRNA Primer Design Tool. Estes primers e sonda foram fornecidos pela (Bioneer, Coreia), conforme indicado na Tabela 3.6.

Tabela 3.6: Primers e sonda para o microRNA-31

Primers e sonda	Sequência	
Primer de RT do miR-31	GTTGGCTCTGGTGCAGGGTCCGAGGTATTCGCA CCAGAGCCAACAGCTAT	
Primers para miR-31	F	GTTTAGGCAAGATGCTGGC
	R	GTGCAGGGTCCGAGGT
Sonda miR-31	FAM- TTGGCTCTGGTGCAGG-MGB	

3.4.4.3. Primers e sonda para o gene da gliceraldeído 3-fosfato desidrogenase

Os primers e a sonda do gene da gliceraldeído 3-fosfato desidrogenase (GAPDH) foram concebidos utilizando a base de dados do NCBI Gene Bank e Primer3 plus online http://www.bioinformatics.nl/cgibin/primer3plus/primer3plus.cgi/) e foram fornecidos por (Bioneer, Coreia), como indicado no quadro 3.7.

Tabela 3.7: Primers e sonda para GAPDH

Cartilha	Sequência	
GAPDH	F	TCAGCCGCATCTTCTTTTGC
	R	TTAAAAGCAGCCCTGGTGAC
Sonda GAPDH	FAM-ACCAGCCGAGCCACATCGCTC-TAMRA	

3.4.4.4. Primário de hexâmero aleatório

Para a síntese do cADN da GAPDH foi utilizado um iniciador aleatório hexamérico (número de catálogo: N-7051) (Bioneer, Coreia), de acordo com as instruções do fabricante.

3.5. Métodos

3.5.1. Deteção do vírus do papiloma humano por reação em cadeia da polimerase

A técnica de reação em cadeia da polimerase (PCR) foi realizada para a deteção do HPV e baseia-se na amplificação em várias ordens de grandeza através de várias rondas de desnaturação a alta temperatura (95°C), recozimento de oligonucleótidos complementares primários a uma temperatura mais baixa (55°C) e replicação do ADN a uma temperatura intermédia (72°C) por ADN polimerase resistente ao calor. Os primers gerais que visam o gene L1 conservado em tipos de HPV (utilizando amostras de saliva) foram efectuados de acordo com o método descrito por Agoston *et al.,* (2010) [176], com os seguintes passos:

3.5.1.1. Extração de ADN viral

O ADN viral foi extraído de amostras de saliva congeladas (pellet de células) utilizando o kit de extração de ADN genómico AccuPrep® (número de catálogo: K-3032) (Bioneer, Coreia) e de acordo com as instruções do fabricante, seguindo os passos seguintes:

***Preparação de reagentes:**

- Antes da primeira utilização, dissolveu-se 25 mg de proteinase K liofilizada em 1,25 ml de água sem nuclease.
- Foram adicionados 30 ml de etanol absoluto ao tampão de lavagem (W1) antes da primeira utilização.
- Foram adicionados 80 ml de etanol absoluto ao tampão de lavagem (W2) antes da primeira

utilização.

1. Primeiro, 200 µl de depósito de saliva foram transferidos para um tubo de microcentrífuga estéril de 1,5 ml, depois 20 µl de proteinase K foram adicionados e misturados por vórtex.

2. Em seguida, foram adicionados 200 µl de tampão de aglutinação (CG) ao tubo mencionado anteriormente e misturados por vórtex para obter a máxima eficiência de lise e, em seguida, o tubo foi incubado a 60 *°C* durante 10 minutos.

3. Adicionaram-se cem µl de isopropanol à mistura e misturou-se bem com uma pipeta, centrifugando depois brevemente para que as gotas ficassem agarradas à tampa. O lisado foi cuidadosamente transferido para o reservatório superior do tubo da coluna do filtro de ligação que se encaixava num tubo de filtração de 2 ml e, em seguida, o tubo foi fechado e centrifugado a 8000 rpm durante 1 min.

4. O lisado inteiro foi descartado num frasco de eliminação e, em seguida, 500 µl de tampão de lavagem (W1) foram adicionados a cada coluna de filtro de ligação e centrifugados a 8000 rpm durante 1 min.

5. O tampão de lavagem (W1) foi descartado na totalidade no frasco de eliminação e, em seguida, 500 µl de tampão de lavagem (W2) foram adicionados a cada coluna de filtro de ligação e centrifugados a 8000 rpm durante 1 min.

6. O tampão de lavagem (W2) foi descartado no frasco de eliminação e, em seguida, o tubo foi centrifugado mais uma vez a 12000 rpm durante 1 minuto para remover completamente o etanol.

7. Em seguida, a coluna do filtro de ligação que continha ADN genómico foi transferida para um tubo estéril que se encaixava num tubo de eluição de 1,5 ml, tendo sido adicionados 50 µl de tampão de eluição e deixados no tubo durante 5 minutos à temperatura ambiente até o tampão ser completamente absorvido pelo filtro de vidro do tubo da coluna de ligação.

8. Finalmente, o tubo foi centrifugado a 8000 rpm durante 1 min para eluir o ADN e armazenado a -20°C.

3.5.1.2. Estimativa da concentração e pureza do ADN genómico

A concentração e a pureza do ADN extraído foram quantificadas utilizando o instrumento NanoDrop™ 2000 Spectrophotometer, de acordo com as instruções do fabricante (Thermo Scientific, EUA). Foram efectuados dois controlos de qualidade do ADN extraído. O primeiro consiste em determinar a quantidade de ADN (ng/pl) e o segundo a pureza do ARN através da leitura da absorvância no espetrofotómetro a 260 nm e 280 nm [177].

1. Depois de abrir o software Nanodrop, selecionou-se a aplicação adequada (ácido nucleico, ADN) (dsDNA foi então selecionado).

2. Utilizou-se um toalhete químico seco e os pedestais de medição (inferior e superior) foram limpos várias vezes. Em seguida, cuidadosamente

Foi pipetado 1 µl de água desionizada (ddH_2 O) utilizando pontas especiais (pontas Aeroject 10 µl) e colocado no pedestal inferior de medição e, em seguida, foi premido o botão **Blank**.

3. Depois disso, os dois pedestais foram limpos e 1 µl de amostra de ADN foi pipetado para o pedestal inferior para medição e, em seguida, foi premido o botão **Measure (Medir)**.

4. A pureza do ADN foi quantificada pelo índice de refração utilizando o comprimento de onda de 260 nm. A concentração de ADN foi calculada com a OD260nm e a pureza foi estimada com o rácio OD260nm/OD280nm.

Um rácio de ~1,8 foi geralmente aceite como "puro" para o ADN, indicando um baixo grau de contaminação proteica.

3.5.I.3. Preparação da mistura principal da reação em cadeia da polimerase convencional para detetar o gene L1 do vírus do papiloma humano

A mistura principal de PCR foi preparada utilizando o kit AccuPower® PCR PreMix (número de catálogo: K-2012) (Bioneer, Coreia), de acordo com as instruções do fabricante, nos passos seguintes:

1- O ADN modelo e os iniciadores específicos do gene L1 do HPV (iniciadores forward e reverse) foram colocados no tubo AccuPower® PCR, de acordo com a seguinte tabela 3.8.

Tabela 3.8: Preparação da mistura principal da reação em cadeia da polimerase para o gene L1 do HPV

Componentes da mistura principal de PCR	Volume (µl)
Modelo de ADN (50 ng/ µl)	5 µl
L1 Primário direto (10 µmol)	1,5 µl
L1 Reveres primer (10 µmol)	1,5 µl

Água PCR	12 µl
Volume total	20 µl

2- A água de PCR foi adicionada ao tubo de PCR AccuPower® até um volume total de 20 pl.

3- O pellet azul liofilizado do tubo de PCR AccuPower® (que contém todos os outros componentes necessários para a reação de PCR, tais como: Taq DNA polimerase, dNTPs, Tris-HCl (pH 9,0), KCl, MgCb, estabilizador e corante de rastreio) foi completamente dissolvido por vórtex e centrifugado a 3000 rpm durante 3 minutos utilizando o ExiSpin Vortex/Centrifuge da Bioneer.

4- Em seguida, os tubos de PCR foram colocados num termociclador (MyGene, Coreia).

3.5.1.4. Protocolo do termociclador de reação em cadeia da polimerase

O protocolo de termociclador de PCR adequado foi efectuado utilizando a ferramenta online Optimase ProtocolWriter™ (http://www.mutationdiscovery.com/md/MD.com/screens/optimase/OptiaseInput.html?action=none) no sistema de termociclador de PCR para detetar o gene L1 do HPV, de acordo com a seguinte tabela 3.9.

Tabela 3.9: Protocolo de termociclador da PCR convencional

Etapa da PCR	**Temp.**	**Tempo**	**N.º de ciclos**
Desnaturação inicial	95 °C	5 min	1
Desnaturação	95 °C	30 segundos	30 ciclos
Recozimento	58 °C	30 segundos	
Extensão	72 °C	30 segundos	
Extensão final	72 °C	5 min	1
Manter	4 °C	Para sempre	-

3.5.1.5. Análise do produto da reação em cadeia da polimerase por eletroforese em gel

Os produtos de PCR do gene HPV-L1 foram analisados por eletroforese em gel de agarose, de acordo com Sambrook e Green (2012) [178], com os seguintes passos:

1- Para preparar 1,5% de gel de agarose, adicionou-se 1,5 g de agarose a 100 ml de tampão

TBE 1X num banho de água a 100 °C durante 15 minutos para dissolver completamente a agarose. A mistura foi deixada arrefecer até cerca de 50 °C.

2- Em seguida, foram adicionados 3 µl de corante de brometo de etídio à solução de gel de agarose e misturados bem.

3- A solução de gel de agarose foi vertida no tabuleiro depois de o pente ter sido fixado na posição correta e, em seguida, deixada a solidificar durante 25 minutos à temperatura ambiente. Após a solidificação, o pente foi retirado com cuidado.

4- O tabuleiro de gel foi fixado na câmara de eletroforese, que foi preenchida com tampão TBE 1X.

5- Foram carregados 10 µl de produto de PCR em cada poço do pente e 5 µl de marcador de ADN (2000-100 bp) Ladder num poço.

6- Em seguida, foi aplicada uma corrente eléctrica de 100 volts e 80 AM durante 30 minutos.

7- Os produtos de PCR (321 pb) para o gene L1 foram visualizados utilizando um transiluminador UV. Foi tirada uma fotografia digital para documentação dos resultados.

3.5.2. Genotipagem do vírus do papiloma humano

3.5.2.1. Purificação do produto PCR

O produto da PCR (321 pb) foi purificado a partir do gel de agarose utilizando o kit de extração de ADN em gel com coluna de rotação EZ-10 (Biobasic, Canadá) (número de catálogo: BS353), de acordo com os passos seguintes:

*** Preparação de reagentes:**

- Foram adicionados 80 ml de etanol a 20 ml de solução de lavagem antes da primeira utilização.

1. O produto específico da PCR foi retirado do gel com um bisturi limpo e afiado. Em seguida, foi transferido para um tubo de microcentrifugação de 1,5 ml.

2. Ao fragmento de gel, foram adicionados 300 µl de Binding Buffer II. Depois disso, incubou-se a 60 °C durante 10 minutos e misturou-se até o gel de agarose estar completamente dissolvido.

3. A mistura acima referida foi adicionada à coluna EZ-10 e deixada em repouso durante 2 minutos. Em seguida, centrifugou-se a 10 000 rpm durante 2 minutos e deitou-se fora o fluxo

no tubo.

4. Em seguida, adicionaram-se 750 µl de solução de lavagem a cada tubo e centrifugou-se a 10 000 rpm durante 1 min. Depois disso, a solução foi eliminada.

5. Repetiu-se o passo 4. Centrifugação a 10.000 rpm durante mais um minuto para remover qualquer resíduo do tampão de lavagem.

6. A coluna foi colocada num tubo de microcentrífuga limpo de 1,5 ml e 30 µl de tampão de eluição foram adicionados ao centro da coluna e incubados à temperatura ambiente durante 2 minutos. Em seguida, o tubo foi centrifugado a 10.000 rpm durante 2 minutos para eluir o produto PCR e armazenado a -20 °C.

3.5.2.2. Método de sequenciação de ADN

As amostras do produto da PCR do gene L1 purificado foram realizadas utilizando o sistema de sequenciação de ADN AB (Bioneer, Coreia) para realizar o método de sequenciação direta de ADN.

3.5.2.3. Genotipagem baseada na sequência do gene L1 do vírus do papiloma humano

Foram desenvolvidos muitos métodos de genotipagem baseados na PCR. Estes incluem o método de sequenciação direta do produto de amplificação da PCR, a sequenciação por PCR de longo alcance, em que os fragmentos são cortados na preparação da biblioteca, e a utilização de sondas de inversão molecular para visar regiões longas que são circularizadas com uma ligase antes da amplificação.

A sequenciação direta do gene HPV-L1 foi efectuada utilizando a base de dados do Gene Bank do National Center for Biotechnology Information (NCBI) (http://www.ncbi.nlm.nih.gov/) e, em seguida, utilizando o BLAST (Basic Local Alignment Search Tool) http://blast.ncbi.nlm.nih.gov/Blast.cgi, em BLAST Assembled Genomes escolher Human *(Homo Sapiens* nucleotides BLAST) e, em seguida, utilizar Enter Query Sequence para cada um dos formatos FASTA.

3.5.3. Análise da expressão genética do microRNA-31 por RT-qPCR

O interesse crescente nas funções biológicas de pequenos RNAs, como as espécies de microRNAs, tornou-se um campo emergente. No entanto, os miRNAs são demasiado curtos para acomodar um par de iniciadores e uma sonda adequados para qualquer nível de amplificação específica utilizando métodos padrão. A amplificação quantitativa de microARNs específicos, através da qual o ADN complementar alvo (cADN) é alongado, e a conceção específica do iniciador direto da PCR e da sonda de hidrólise combinam-se para garantir a especificidade com grande sensibilidade. A síntese da primeira cadeia de cDNA com um iniciador de laço de haste altamente estável alonga o alvo dos seus ~22 nt originais para >60 nt. A amplificação por PCR utiliza um iniciador direto que inclui 5'nts extra para ajustar a uma temperatura adequada, um iniciador inverso específico que é complementar a uma sequência com o iniciador stemloop da transcriptase inversa (RT) e uma sonda de hidrólise para deteção e quantificação de produtos PCR, reforçada em termos de especificidade pela sua conjugação com um ligante de sulco menor (MGB). Esta abordagem constitui a base dos ensaios de microRNA RT-qPCR descritos por Chen *et al.* (2005) [179], (Figura 3.1).

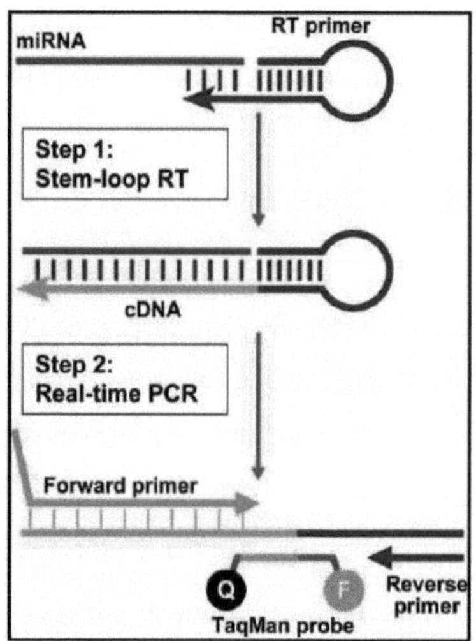

Figura 3.1: Descrição esquemática dos ensaios de microRNA TaqMan. A quantificação em tempo real de miRNAs com base no TaqMan inclui duas etapas: RT em cadeia e PCR em tempo real [179].

Os iniciadores de RT em anel de haste ligam-se à porção 3' das moléculas de microARN e são transcritos de forma reversa com transcriptase reversa. Em seguida, o produto RT é quantificado utilizando a PCR TaqMan convencional que inclui um iniciador direto específico de microARN, um iniciador inverso e sondas TaqMan marcadas com corante. O objetivo do primer forward com cauda a 5' é aumentar a sua temperatura de fusão (Tm) em função da composição da sequência das moléculas de microARN [179].

A análise da expressão genética foi realizada para quantificar o nível individual de microRNA-31 normalizado pelo gene de referência (GAPDH) em amostras de saliva de cancro oral e de controlo saudável, utilizando técnicas de transcriptase reversa Stem-loop qPCR foi realizada de acordo com o método descrito por Kramer, (2011) [180] e inclui os seguintes passos:

3.5.3.I. Isolamento do ARN total

O ARN total foi isolado a partir de amostras de sobrenadante de saliva utilizando o kit AccuZol™ (Bioneer, Coreia) (Número de catálogo: K-3090) e efectuado de acordo com as instruções do fabricante, nos seguintes passos:

*** Preparação de reagentes:**

- O etanol (80%) (em água tratada com DEPC) foi preparado antes da primeira utilização.

1- Primeiro, 300 µl de amostras de sobrenadante de saliva congelada foram transferidos para um tubo Eppendorf de 1,5 ml.

2- Em seguida, adicionou-se 1 ml de reagente TRIzol® a cada tubo de amostra e misturou-se por vórtex.

3- Em seguida, adicionou-se 200 µl de clorofórmio a cada tubo e agitou-se vigorosamente durante 15 segundos.

4- A mistura foi incubada em gelo durante 5 minutos e depois centrifugada a 12.000 rpm durante 15 minutos a 4 °C.

5- O sobrenadante foi transferido para um novo tubo Eppendorf e 500 µl

Foi adicionado isopropanol. Em seguida, a mistura foi misturada invertendo o tubo 4-5 vezes e incubada a -20°C durante 10 minutos. Depois, centrifugou-se a 12.000 rpm durante 10 minutos a 4°C.

6- O sobrenadante foi eliminado e adicionou-se 1 ml de etanol (80%), misturando novamente no vórtex. Em seguida, centrifugou-se a 12 000 rpm durante 5 minutos a 4 °C.

7- O sobrenadante foi eliminado e o sedimento de ARN foi deixado a secar ao ar.

8- Em seguida, foram adicionados 50 µl de água DEPC a cada amostra para dissolver o sedimento de ARN. Em seguida, a amostra de ARN extraído foi mantida a -20 °C.

3.5.3.2. Estimativa da concentração e pureza do ARN

A concentração e a pureza do ARN total extraído foram quantificadas utilizando o instrumento NanoDrop™ 2000 Spectrophotometer, de acordo com as instruções do fabricante (Thermo Scientific, EUA). Foram efectuados dois controlos de qualidade do ARN extraído. O primeiro consiste em determinar a quantidade de ARN (ng/µL) e o segundo é a pureza do ARN através da leitura da absorvância no espetrofotómetro a 260 nm e 280 nm [177].

1- Depois de abrir o software Nanodrop, foi selecionada a aplicação adequada (ácido nucleico, ARN).

2- Utilizou-se um toalhete químico seco e os pedestais de medição (inferior e superior) foram limpos várias vezes. Em seguida, pipetou-se cuidadosamente 1 µl de água desionizada (ddH_2 O) com pontas especiais (pontas Aeroject 10 µl) e colocou-se no pedestal inferior de medição, premindo depois o botão **Blank**.

3- Em seguida, os dois pedestais foram limpos e foi pipetado 1 pl de amostra de ARN para o pedestal inferior para medição, tendo depois sido premido o botão **Measure**.

4- A pureza do ARN também é determinada pela leitura da absorvância no espetrofotómetro Nanodrop a 260 nm e 280 nm, pelo que o ARN tem o seu máximo de absorção a 260 nm e a razão entre a absorvância a 260 nm e 280 nm é utilizada para avaliar a pureza do ADN e do ARN. Um rácio de ~1,8 é geralmente aceite como "puro" para o ADN; um rácio de ~2,0 é geralmente aceite como "puro" para o ARN. Se o rácio for consideravelmente inferior em qualquer um dos casos, pode indicar a presença de proteínas, fenol ou outros contaminantes que absorvem fortemente a 280 nm ou próximo deste.

3.5.3.3. Tratamento com DNase I

O ARN extraído das amostras de saliva sobrenadante foi tratado com a enzima DNase antes da transcriptase reversa (RT-PCR) para remover as quantidades vestigiais de ADN genómico do ARN total eluído, utilizando o RQ1 RNase-Free DNase Kit (Promega, EUA) (Número de catálogo: M6101) e foi efectuado de acordo com as instruções do fabricante, como se indica a seguir:

1- A reação de digestão da DNase foi preparada de acordo com o quadro 3.10

Quadro 3.10: Digestão com DNase de amostras de ARN.

Mistura	Volume (µl)
ARN total (100 ng/µl)	10 µl
Enzima DNase I	1 µl
Tampão 10X	4 µl
Água da DEPC	5 µl
Total	20 µl

2- Em seguida, a mistura foi incubada a 37 °C durante 30 minutos.

3- Em seguida, foi adicionado 1 pl de solução de paragem e incubado a 65 °C durante 10 minutos para inativar a ação da enzima DNase.

3.5.3.4. Transcriptase reversa para síntese de ADN complementar

3.5.3.4.1. Transcriptase reversa para síntese de cDNA para microRNA-31

As amostras de ARN tratadas com DNase foram utilizadas para a síntese de cDNA para o microRNA-31 (miR-31) utilizando o AccuPower® RocketScript™ RT PreMix Kit (Bioneer, Coreia) (Número de catálogo: K-2101), de acordo com as instruções do fabricante, nas seguintes etapas:

1- As amostras de ARN tratadas com DNase e o iniciador específico para a RT do miR-31 foram colocados em tubos AccuPower® RocketScript™ RT PreMix, como indicado no quadro 3.11:

Quadro 3.11: Preparação da mistura principal da transcriptase reversa para a síntese de cDNA do miR-31

Mistura principal RT	**Volume (µl)**
ARN total (100 ng/µl)	10 µl
RT miR-31 (10 µmol)	1 µl
Água da DEPC	9 µl
Total	20µl

2- A água DEPC foi adicionada aos tubos AccuPower® RocketScript™ RT PreMix até um volume total de 20 µl.

3- O pellet liofilizado de RT nos tubos (contendo todos os componentes para a síntese de cDNA de primeira cadeia a partir do modelo de RNA total purificado, tais como: RocketScript Reverse Transcriptase, 5X Reaction Buffer, DDT, dNTPs e RNase Inhibitor) foi completamente dissolvido por vórtex e brevemente centrifugado utilizando a ExiSpin Vortex/Centrifuge da Bioneer.

4- O ARN é convertido em ADNc de acordo com o protocolo do termociclador indicado no quadro 3.12:

Tabela 3.12: Protocolo do termociclador para a síntese de cDNA do miR-31

Etapa	Temperatura	Tempo
Síntese de cDNA (etapa RT)	50 °C	1 hora
Inativação pelo calor	95 °C	5 minutos

5- As amostras foram armazenadas a -20 °C.

3.5.3.4.2. Transcriptase reversa para a síntese de cDNA para o gene GAPDH

As amostras de ARN tratadas com DNase foram utilizadas para a síntese de cDNA para o gene GAPDH utilizando o AccuPower® RocketScript™ RT PreMix Kit (Bioneer, Coreia) (Número de catálogo: K-2101), de acordo com as instruções do fabricante, nos seguintes passos:

1- As amostras de ARN tratadas com DNase e o iniciador Random Hexamer foram colocados em tubos AccuPower® RocketScript™ RT PreMix, como indicado no quadro 3.13:

Quadro 3.13: Preparação da mistura principal da transcriptase reversa para a síntese de cDNA da GAPDH

Mistura principal RT	Volume (µl)
ARN total 100 ng/µl	10 µl
Iniciador de hexâmero aleatório (10 µmol)	1 µl
Água da DEPC	9 µl
Total	20 µl

2- A água DEPC foi adicionada aos tubos AccuPower® RocketScript™ RT PreMix até um volume total de 20µl.

3- O pellet liofilizado de RT nos tubos (contendo todos os componentes para a síntese de cDNA de primeira cadeia a partir do modelo de ARN total purificado, tais como: RocketScript Reverse Transcriptase, 5X Reaction Buffer, DDT, dNTPs e RNase Inhibitor) foi completamente dissolvido por vórtex e brevemente centrifugado utilizando a ExiSpin Vortex/Centrifuge da Bioneer.

5- O ARN é convertido em ADNc com o seguinte protocolo de termociclador, como indicado no quadro 3.14:

Quadro 3.14: Protocolo do termociclador para a síntese de cDNA da GAPDH

Etapa	Temperatura	Tempo
Síntese de cDNA (etapa RT)	50 °C	1 hora
Inativação pelo calor	95 °C	5 minutos

5- As amostras foram armazenadas a -20 °C.

3.5.3.5. Transcrição reversa em cadeia qPCR para miR-31

A stem loop RT-qPCR foi utilizada na quantificação da análise da expressão do miR-31 (que normalizou pelo gene de referência GAPDH) na saliva das amostras de cancro oral e das amostras dos sujeitos de controlo, utilizando a técnica de PCR quantitativa em Tempo Real, de acordo com o método descrito por Kramer, (2011) [180] que inclui os seguintes passos:

3.5.3.5.1. Preparação da mistura principal da PCR quantitativa para miR-31

As amostras de cADN do miR-31 foram utilizadas para preparar a mistura principal de qPCR utilizando o kit AccuPower® Plus DualStar™ qPCR PreMix Kit (número de catálogo: K-6600) (Bioneer, Coreia) que depende da sonda TaqMan® A deteção do corante FAM da amplificação do gene no sistema de PCR em tempo real foi efectuada de acordo com as instruções do fabricante, de acordo com os passos seguintes:

1- As amostras de cDNA do miR-31, os iniciadores específicos do miR-31 (iniciador direto e inverso) e a sonda Taqman® foram colocados em tubos AccuPower® Plus DualStar™ qPCR PreMix, como indicado no quadro 3.15:

Quadro 3.15: Preparações da mistura principal de qPCR para miR-31

mistura principal de qPCR		Volume (µl)
Modelo de cDNA do miRNA-31 (100 ng/µl)		5 µl
miR-31	Primário direto (10 pmol)	2,5 µl

	Primer inverso (10 pmol)	2,5 µl
Sonda TaqMan® (20 pmol)		2,5 µl
Água da DEPC		37,5 µl
Total		50 pl

2- Os tubos de pré-mistura qPCR foram selados com películas adesivas ópticas para PCR em tempo real.

3- Os pellets da pré-mistura (que contêm todos os componentes para a amplificação da PCR, como a Taq DNA polimerase, os dNTPs e o tampão 10X) foram misturados e centrifugados num vórtex/centrifugadora Exispin a 3000 rpm durante 3 minutos.

4- Em seguida, a placa é colocada no sistema Miniopticon Real-Time PCR.

5- O instrumento de PCR foi carregado e a definição de PCR foi programada.

6- O protocolo do termociclador para a qPCR foi efectuado de acordo com a Tabela 3.16:

Tabela 3.16: Protocolo de termociclador de qPCR para miR-31

Etapa da qPCR	Temperatura	Tempo	N.º de ciclos
Desnaturação inicial	95 °C	5 min	1
Desnaturação	95 °C	15 segundos	45
Deteção de recozimento/extensão (varrimento)	60 °C	30 segundos	

3.5.3.6. PCR quantitativa em tempo real (qPCR) para GAPDH

A PCR quantitativa em tempo real utilizada na quantificação do gene GAPDH, que foi utilizado no método de normalização para a análise da expressão do miRNA-31 em amostras de saliva do grupo de estudo e de indivíduos aparentemente saudáveis, utilizando a técnica de PCR em tempo real, e este método foi efectuado de acordo com o método descrito por Pfaffl, (2001) [181] e inclui os seguintes passos:

3.5.3.6.I. Preparação da mistura principal da PCR quantitativa para GAPDH

As amostras de cADN da GAPDH, os iniciadores específicos da GAPDH (iniciador direto e inverso) e a sonda Taqman® foram colocados em tubos AccuPower® Plus DualStar™ qPCR PreMix (número de catálogo: K-6600) (Bioneer, Coreia) que dependem da sonda TaqMan A deteção do corante FAM da amplificação do gene da GAPDH no sistema de PCR em tempo real foi efectuada de acordo com as instruções do fabricante, de acordo com as seguintes etapas

1- As amostras de cADN da GAPDH, os iniciadores específicos da GAPDH (iniciador direto e inverso) e a sonda Taqman® foram colocados em tubos AccuPower® Plus DualStar™ qPCR PreMix, como indicado no quadro 3.17:

Quadro 3.17: Preparações da mistura principal da qPCR para GAPDH

mistura principal de qPCR	Volume (µl)
Modelo de cDNA (100 ng/µl)	5 µl
Primário direto (10 pmol) GAPDH	2,5µl
Primer inverso (10 pmol)	2,5 µl
Sonda TaqMan® (20pmol)	2,5 µl
Água da DEPC	37,5µl
Total	50 µl

2- Os tubos de pré-mistura qPCR foram selados com películas adesivas ópticas para PCR em tempo real.

3- Os pellets da pré-mistura (que contêm todos os componentes para a amplificação da PCR, como a Taq DNA polimerase, os dNTPs e o tampão 10X) foram misturados e centrifugados num vórtex/centrifugador Exispin a 3000 rpm durante 3 minutos.

4- Em seguida, a placa é colocada no sistema Miniopticon Real-Time PCR.

5- O instrumento de PCR foi carregado e a definição de PCR foi programada.

6- O protocolo do termociclador foi efectuado de acordo com a Tabela 3.18:

Tabela 3.18: Protocolo do termociclador de qPCR para GAPDH

Etapa da qPCR	Temperatura	Tempo	N.º de ciclos
Desnaturação inicial	95 °C	5 min	1

Desnaturação	95 °C	20 segundos	45
Deteção de recozimento/extensão (varrimento)	58 °C	30 segundos	

3.5.3.7. Análise de dados de RT-qPCR

Os resultados dos dados da RT-qPCR para o gene alvo e de referência foram analisados pelo método de quantificação relativa dos níveis de expressão dos genes (fold change) de Livak, descrito por Livak e Schmittgen, (2001) [182]. No método de quantificação relativa, as quantidades obtidas da experiência de RT-qPCR devem ser normalizadas de modo a que os dados se tornem biologicamente significativos.

Neste método, uma das amostras experimentais é o calibrador, tal como (amostras de controlo), para determinar a expressão relativa de um gene alvo na amostra de ensaio e na amostra de calibrador utilizando o(s) gene(s) de referência como normalizador, é necessário determinar os níveis de expressão do(s) gene(s) alvo e do(s) gene(s) de referência utilizando RT-qPCR. Os valores de C_T devem ser determinados de acordo com o quadro 3.19.

Tabela 3.19: Valores de limiar de ciclo necessários para a quantificação relativa com o gene de referência como normalizador

Gene	Teste (grupo de estudo)	Calibrador (indivíduos aparentemente saudáveis)
Gene alvo	$C_{T(\text{ target, test})}$	$C_{T(\text{ target, cal})}$
Gene de referência	$C_{T(\text{ ref, test})}$	$C_{T(\text{ref, cal})}$

Quantificação relativa pelo método ΔC_T utilizando um gene de referência:

Este método é uma variação do método de Livak que é mais simples de executar e dá essencialmente os mesmos resultados. Este método utiliza a diferença entre os valores de referência e de objetivo C_T para cada amostra. Amostras diferentes utilizando os passos:

Primeiro, normalizar o C_T do gene alvo para o do gene de referência (ref), para a amostra de calibrador:

$\Delta CT_{\text{(calibrador)}} = CT_{\text{(ref, calibrador)}} - CT_{\text{(alvo, calibrador)}}$

Em segundo lugar, normalizar o C_T do gene alvo para o do gene de referência, para a amostra de teste:

$\Delta C_{T\,(Teste)} = C_{T\,(ref,\,teste)} - C_{T\,(objetivo,\,teste)}$

Assim, a expressão relativa foi dividida pelo valor de expressão de um calibrador escolhido para cada rácio de expressão da amostra de teste.

3.6. Análise estatística

Os dados obtidos no presente estudo foram resumidos, apresentados e analisados com recurso a dois programas informáticos: o Statistical Package for the Social Sciences (SPSS) versão 16 e o Microsoft Office Excel 2010. Para efeitos de apresentação, as variáveis numéricas foram expressas sob a forma de média + DP (desvio-padrão), enquanto as variáveis categóricas foram expressas sob a forma de número e percentagem. Os valores médios foram comparados utilizando o teste t de amostras independentes. Os testes do Qui-quadrado e Exato de Fischer foram utilizados para estudar a associação entre quaisquer duas variáveis categóricas. O coeficiente de correlação foi utilizado para avaliar a correlação entre variáveis numéricas (por exemplo, idade) e ou variáveis nominais ordinais. O teste U de Mann Whitney foi utilizado para estudar a diferença entre grupos quando as variáveis eram não paramétricas. O teste de Shapiro-Wilk foi utilizado para estudar a normalidade da distribuição das variáveis. O teste de Spearman Rank foi utilizado para estudar a associação de variáveis categóricas (por exemplo, idade) e variáveis não paramétricas.

Utilizou-se a curva ROC (Receiver Operator Characteristic) para estimar o valor de corte da alteração do fold. A estatística de razão ímpar foi utilizada para avaliar o risco. O valor de p foi considerado significativo quando era igual ou inferior a 0,05.

Capítulo 4. Resultados

4.1. Estatísticas descritivas das variáveis incluídas no presente estudo

4.1.1. Média e intervalo de idades dos doentes e indivíduos aparentemente saudáveis

A idade média dos doentes foi de 52,23±13,73 anos, com um intervalo de 24-74 anos, enquanto a idade média dos indivíduos aparentemente saudáveis foi de 50,55±12,5 anos, com um intervalo de 17-70 anos; estatisticamente, não houve diferença significativa na idade média entre os dois grupos (P>0,05), como se mostra na Tabela (4-1). Este resultado assegurou uma correspondência estatística, relativamente à idade, entre os indivíduos aparentemente saudáveis e o grupo de doentes, o que é um requisito básico para a realização de um estudo de controlo de casos deste tipo.

Tabela 4-1: Idade média e distribuição dos doentes e dos indivíduos aparentemente saudáveis de acordo com intervalos de idade de 10 anos

Intervalo de idade	**Grupo de doentes**		**Indivíduos aparentemente saudáveis**		**Valor de p**
	Não.	**%**	**Não.**	**%**	
<20 anos	0	0.00	1	5.00	
20-29 anos	1	2.86	0	0.00	
30-39 anos	8	22.86	0	0.00	
40-49 anos	6	17.14	8	40.00	
50-59 anos	6	17.14	7	35.00	
60-69 anos	9	25.71	3	15.00	
> 70 anos	5	14.29	1	5.00	
Total	35	100.00	20	100.00	
Idade média*	52.23±13.73		50.55±12.5		**0.654**
Faixa etária	(24-74) ano		(17-70) ano		

*DP, desvio padrão da média

A Figura 4-1 mostra a distribuição dos indivíduos aparentemente saudáveis e do grupo de doentes de acordo com intervalos de 10 anos. A caraterística mais importante desta tabela é o facto de a maioria dos doentes ter idade superior a 40 anos. A proporção de doentes com mais de 40 anos era de 74,28%.

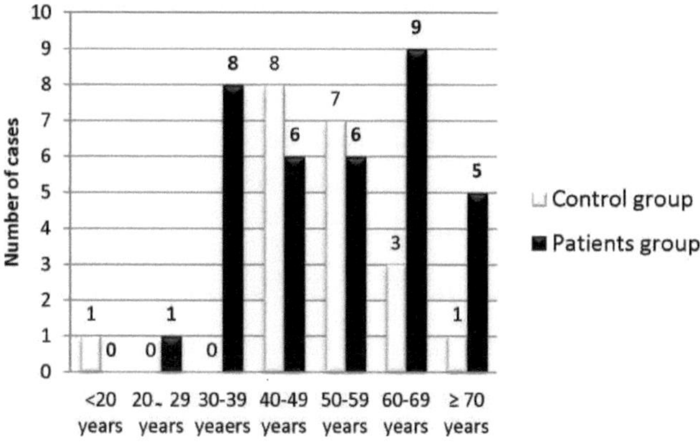

Figura 4-1: Distribuição dos doentes e dos indivíduos aparentemente saudáveis de acordo com intervalos de 10 anos de idade.

4.1.2. Classificação dos doentes e dos indivíduos aparentemente saudáveis de acordo com o género

Verificou-se uma predominância do sexo masculino no grupo de doentes com uma proporção de 68,57% em comparação com 31,43% para os doentes do sexo feminino na Tabela (4-2). O rácio entre homens e mulheres foi de 1,86:1. Em comparação com indivíduos aparentemente saudáveis, não houve significância estatística (P>0,05). Mais uma vez, este resultado assegurou uma correspondência estatística entre o grupo de doentes e o grupo de indivíduos aparentemente saudáveis, o que é um critério importante a cumprir num estudo de controlo de casos deste tipo.

Quadro 4-2: Distribuição dos doentes e dos indivíduos aparentemente saudáveis de acordo com o género

Género	Doentes		Indivíduos aparentemente saudáveis		Valor de p	Rácio entre homens e mulheres
	Não.	%	Não.	%		
Masculino	24	68.57	13	65.00	**0.786**	1.86:1
Feminino	11	31.43	7	35.00		
Total	35	100.00	20	100.00		

A Tabela (4-3) mostra a idade média dos homens e das mulheres, tanto nos doentes como nos indivíduos aparentemente saudáveis. Os doentes do sexo masculino eram significativamente mais velhos do que as mulheres (P<0,05) no grupo de doentes. Felizmente, os indivíduos do sexo masculino nos indivíduos aparentemente saudáveis também eram mais velhos do que os indivíduos do sexo feminino com um valor de P muito próximo de um nível estatístico significativo (0,077).

Tabela 4-3: Comparação da idade média de acordo com o género em ambos os grupos

Grupo	Género	N	Idade média	SD	Valor de p
Doentes	Masculino	24	55.00	13.78	**0.040**
	Feminino	11	46.18	12.07	
	Total	35	52.23	13.73	
Controlo	Masculino	13	54.69	10.77	**0.077**
	Feminino	7	42.86	12.51	
	Total	20	50.55	12.50	

4.1.3. Aspectos clinicopatológicos dos tumores

A Figura 4-2 mostra que o principal subtipo histológico foi o carcinoma de células escamosas (CCE). Este subtipo foi observado em 26 dos 35 doentes, representando (74%). A Tabela (4-4) mostra a distribuição dos doentes de acordo com os subtipos histológicos, que foi a seguinte: o adenocarcinoma das glândulas salivares representou (14,29%); o tumor misto maligno representou (2,86%); o carcinoma adenoide quístico representou (2,86%), o ameloblastoma representou (2,86%) e o tumor maligno de células fusiformes representou (2,86%).

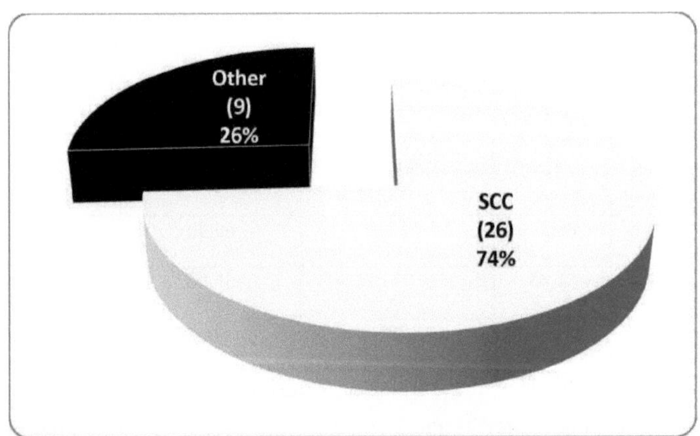

Figura 4-2: Gráfico de pizza demonstrando os subtipos histológicos do tumor

Tabela 4-4: Classificação dos doentes de acordo com os subtipos histológicos do tumor

Subtipo histológico	Não.	%
SCC	26	74.29
Adenocarcinoma das glândulas salivares	5	14.29
Tumor misto maligno	1	2.86
Ameloblastoma	1	2.86
carcinoma adenoide cístico	1	2.86
Tumor maligno de células fusiformes	1	2.86
Total	35	100.00

O principal local de tumor foi o bordo lateral da língua, que foi observado em 14 dos 35 doentes, representando (40%). Seguiram-se o soalho da boca e as amígdalas, que foram observados em 5 doentes (com uma proporção de 14,29%) para cada um. Os tumores que envolviam o maxilar foram encontrados em apenas 4 doentes (11,43%), seguidos do envolvimento da bochecha em 3 doentes (8,57%). A glândula parótida foi envolvida em 2 doentes, representando (5,71%) dos casos. O envolvimento da mandíbula e do lábio inferior foi observado em 1 doente, representando (2,86%) para cada um, como se mostra na Tabela (4-5).

Tabela 4-5: Classificação dos doentes de acordo com o local do tumor

Local do tumor	Não.	%
Borda lateral da língua	14	40
Pavimento da boca	5	14.29
Amígdalas	5	14.29
Maxila	4	11.43
Bochecha	3	8.57
Parótida	2	5.71
Mandíbula	1	2.86
Lábio inferior	1	2.86
Total	35	100.00

A descrição detalhada dos casos de acordo com o subtipo histológico e o local do tumor foi descrita na Tabela (4-6). Catorze dos 26 pacientes localizados na borda lateral da língua eram CEC, seguidos por 4/26 pacientes localizados nas amígdalas eram CEC.

Tabela 4-6: Classificação dos doentes de acordo com o subtipo histológico e o local do tumor

Subtipo histológico	Local do tumor								
	Pavimento da boca	Amígdalas	borda lateral da língua	Maxila	Mandíbula	Parótida	Bochecha	Lábio inferior	Total
SCC	2	4	14	2	0	0	3	1	26
Adenocarcinoma das glândulas salivares	3	1	0	0	0	1	0	0	5
Ameloblastoma	0	0	0	0	1	0	0	0	1
Tumor misto maligno	0	0	0	0	0	1	0	0	1
Tumor maligno de células fusiformes	0	0	0	1	0	0	0	0	1
Carcinoma adenoide cístico	0	0	0	1	0	0	0	0	1
Total	5	5	14	4	1	2	3	1	35

A Tabela (4-7) mostra a classificação dos doentes de acordo com o grau do tumor. A maioria dos 24 doentes apresentava tumores bem diferenciados de grau I (68,57%). A morfologia histológica moderadamente diferenciada de grau II foi observada em 4 doentes, representando (11,43%), enquanto a morfologia histológica pouco diferenciada de grau III foi observada em 7 doentes, representando (20%), como se mostra na Figura (4-3).

Tabela 4-7: Classificação dos doentes de acordo com o grau do tumor

Grau	Não.	%
I	24	68.57
II	4	11.43
III	7	20.00

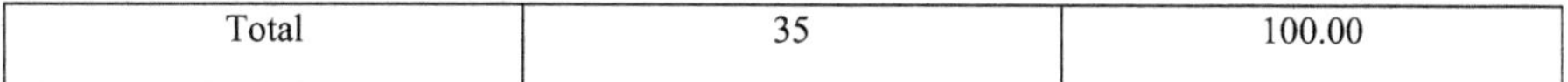

Total	35	100.00

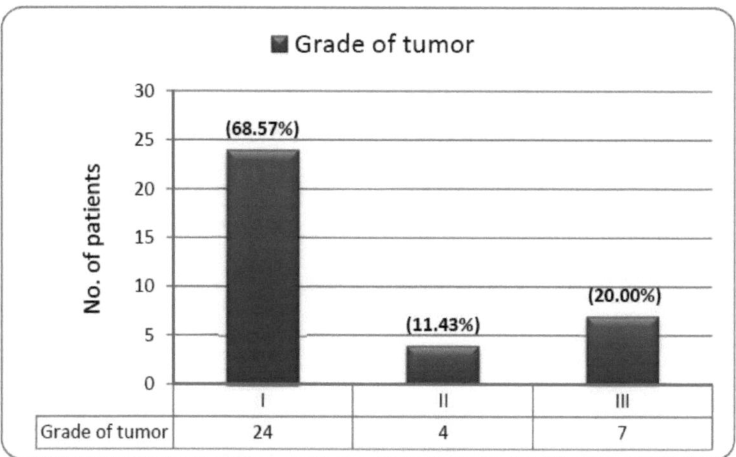

Figura 4-3: Classificação dos doentes de acordo com o grau do tumor

4.1.4. Factores de risco: Tabagismo e alcoolismo

Os factores de risco para os tumores da cabeça e do pescoço incluíam os seguintes: tabagismo e alcoolismo. Vinte e um dos 35 doentes eram fumadores, numa proporção de 60%. Nenhum dos indivíduos aparentemente saudáveis era fumador, como se pode ver na Tabela (4-8). Esta associação do tabagismo entre o grupo de doentes e os indivíduos aparentemente saudáveis foi estatisticamente muito significativa (P<0,001). O risco de tabagismo foi estimado utilizando o Odds ratio aproximado, que foi de 60,79 com um intervalo de confiança de 95% de 3,40-1086,71.

Tabela 4-8: Classificação dos pacientes de acordo com o tabagismo

Fumar	**Doentes**		**Indivíduos aparentemente saudáveis**		**Valor de p**	**Rácio de probabilidade**	**95% CI***	
	Não.	**%**	**Não.**	**%**			**Mais baixo**	**Superior**
Fumador	21	60	0	0.00				
Não fumador	14	40	20	100	**<0.001**	60.79	3.40	1086.71
Total	35	100	20	100				

*IC= Intervalo de confiança

O alcoolismo foi registado em 10 doentes, o que corresponde a 28,57%. Nenhum dos indivíduos de controlo era consumidor de álcool. A associação entre os grupos de doentes e os indivíduos aparentemente saudáveis no que respeita ao alcoolismo foi estatisticamente significativa (P<0,05), como se pode ver na Tabela (4-9). O Odds ratio aproximado foi de 27,77 com um intervalo de confiança de 95% de 1,51 a 511,27.

Tabela 4-9: Classificação dos pacientes de acordo com o alcoolismo

Alcoolismo	Doentes		Indivíduos aparentemente saudáveis		Valor de p	Rácio ímpar	95% CI*	
	Não.	%	Não.	%			Inferior	Superior
Bebedores	10	28.57	0	0	**0.009**	27.77	1.51	511.27
Não consumidores de álcool	25	71.43	20	100				
Total	35	100.00	20	100				

*IC= Intervalo de confiança

4.2. Estatísticas do vírus do papiloma humano no estudo atual

Dezasseis dos 35 doentes tinham HPV, representando (45,71%), enquanto os indivíduos aparentemente saudáveis estavam todos isentos de HPV. Esta associação foi estatisticamente muito significativa (P<0,001), como se pode ver na Tabela (4-10). O Odds ratio aproximado foi de 34,69 com um intervalo de confiança de 95% de 1,95 a 618,66 (Figura 4-4).

Tabela 4-10: Classificação dos pacientes de acordo com a infeção por HPV

HPV	Doentes		Indivíduos aparentemente saudáveis		Valor de p	Rácio ímpar	95% CI*	
	Não.	%	Não.	%			Inferior	Superior
Positivo	16	45.71	0	0	**<0.001**	34.69	1.95	618.66
Negativo	19	54.29	20	100				
Total	35	100.00	20	100				

*IC = Intervalo de confiança

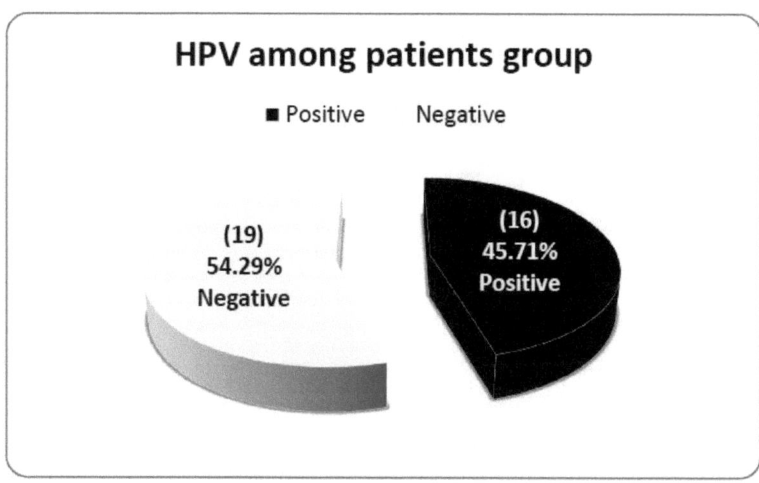

Figura 4-4: Vírus do papiloma humano no grupo de doentes.

O genótipo predominante do HPV foi o HPV-18, que representou (31,43%) dos casos (11/35), tendo o HPV-16 e o HPV-11 sido observados em (11,43%) e (2,86%) dos casos, respetivamente, como se pode ver na Figura 4-5 (Anexo II). Em comparação com indivíduos aparentemente saudáveis, o HPV-18 foi o único genótipo que foi significativamente mais elevado em termos de frequência no grupo de doentes (P<0,05). A quantidade de risco aplicada pelo genótipo do HPV-18 foi avaliada através da medição da razão de probabilidades aproximada, que foi de 2,96 com um intervalo de confiança de 95% de 1,07 a 346,84, conforme apresentado na Tabela (4-11).

Os genótipos do HPV foram registados na base de dados do banco de genes com submissão Popset, Banklt 1846482 (Seq1-Seq16) com os números de acesso (KT365828, KT365829, KT3658210.... e KT365843).

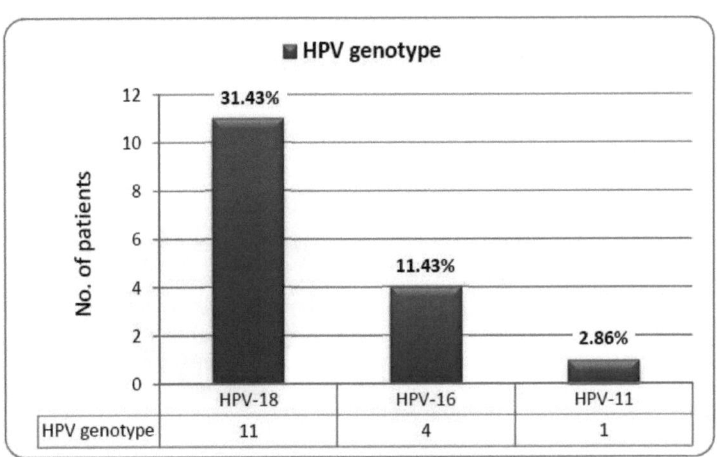

Figura 4-5: Genótipos do vírus do papiloma humano no grupo de doentes

Quadro 4-11: Genótipos de HPV em doentes e indivíduos aparentemente saudáveis

Genótipo do HPV	Doentes		AHS*		Valor de p	Rácio de probabilidade	IC 95%**	
	Não.	%	Não.	%			Mais baixo	Superior
HPV-18	11	31.43	0	0	0.004	2.96	1.07	346.84
HPV-16	4	11.43	0	0	0.285	-	-	-
HPV-11	1	2.86	0	0	1.000	-	-	-
Total	35	100.00	20	100	-	-	-	-

*AHS= Indivíduos aparentemente saudáveis; **CI= Intervalo de confiança

4.2.1. Associações entre o vírus do papiloma humano e outras variáveis demográficas no estudo atual:

4.2.1.1. Associação entre o vírus do papiloma humano e a idade dos doentes

A idade média dos doentes com infeção positiva pelo HPV foi significativamente inferior à dos doentes com infeção negativa pelo HPV, 47,13±13,01 anos versus 56,53±13,13 anos (P<0,05), como se mostra na Tabela (4-12).

Tabela 4-12: Idade média em pacientes com HPV positivo e negativo

HPV	N	Idade média (anos)	SD*	Valor de p
Positivo	16	47.13	13.01	**0.042**
Negativo	19	56.53	13.13	

Total	35	52.23	13.73	

***Desvio-padrão**

A idade média dos doentes, de acordo com o genótipo do HPV, revela que a idade média (48,18 anos) está infetada com o HPV-18, como se mostra na Tabela (4-13). O valor de p não foi estimado devido à violação dos pressupostos do teste ANOVA unidirecional (a contagem mínima de cada célula deve ser > ou = 10).

Tabela 4-13: Idade média dos pacientes nos três genótipos de HPV

Genótipo do HPV	**N**	**Média (anos)**	**SD***
HPV-18	11	48.18	10.83
HPV-16	4	44.75	21.03
HPV-11	1	45.00	---
Negativo	19	56.53	13.13
Total	35	52.23	13.73

***Desvio-padrão**

4.2.1.2. Associação entre o vírus do papiloma humano e o género dos doentes

A Tabela (4-14) mostra a associação entre a infeção por HPV e o género dos doentes, 9/24 homens (37,50%) foram positivos para a infeção por HPV e 7/11 mulheres (63,64%) não encontraram uma associação significativa (P>0,05). Entretanto, nenhum dos genótipos do HPV mostra uma associação significativa com o género (P>0,05), como mostra a Tabela (4-15).

Tabela 4-14: Associação entre o HPV e o género dos pacientes

HPV	**Masculino**		**Feminino**		**Total**		**Valor de p**
	Não.	**%**	**Não.**	**%**	**Não.**	**%**	
Positivo	9	37.50	7	63.64	16	45.71	**0.150**
Negativo	15	62.50	4	36.36	19	54.29	
Total	24	100.00	11	100.00	35	100.00	

Tabela 4-15: Distribuição dos genótipos do HPV de acordo com o género dos pacientes

Genótipo do HPV	Masculino		Feminino		Total	Valor de p
	Não.	%	Não.	%		
HPV-18	6	25.00	5	45.45	11	0.413
HPV-16	2	8.33	2	18.18	4	0.781
HPV-11	1	4.17	0	0.00	1	1.000
Total	9	100.00	7	100.00	16	

4.2.I.3. Associação entre o vírus do papiloma humano e o grau do tumor

A Tabela (4-16) mostra que 13 dos 24 casos, representando (54,17%) tumores de grau I, eram positivos para o HPV, não tendo sido encontrada uma associação significativa entre o grau do tumor e a infeção por HPV (P>0,05). Entretanto, a distribuição do genótipo do HPV de acordo com o grau do tumor revela que 8/24, representando (33,3%), pertencem ao genótipo HPV-18 dos tumores de grau I, como se mostra na Tabela (4-17).

Tabela 4-16: Associação entre HPV e grau do tumor

HPV	Grau I		Grau II		Grau III	
	Não.	%	Não.	%	Não.	%
Positivo	13	54.17	2	100.00	1	14.29
Negativo	11	45.83	2	100.00	6	85.71
Total	24	100.00	4	200.00	7	100.00
Valor de p	**0.983**		**1.000**		**0.1**	**36**

Tabela 4-17: Distribuição dos genótipos de HPV de acordo com o grau do tumor

Genótipo do HPV	Grau I		Grau II		Grau III	
	Não.	%	Não.	%	Não.	%
HPV-11	1	4.17	0	0.00	0	0.00
HPV-16	4	16.67	0	0.00	0	0.00
HPV-18	8	33.33	2	50.00	1	14.29
Negativo	11	45.83	2	50.00	6	85.71
Total	24	100.00	4	100.00	7	100.00

4.2.1.4. Associação entre o vírus do papiloma humano e o tabagismo

A Tabela (4-18) mostra que 9 dos 21 doentes fumadores (57,14%) eram positivos para a infeção por HPV, não tendo sido encontrada uma associação significativa entre o tabagismo e a infeção por HPV (P>0,05).

Tabela 4-18: Associação entre HPV e tabagismo

HPV	Fumador		Não fumador		Valor de p
	Não.	%	Não.	%	
Positivo	9	57.14	7	50	**0.678**
Negativo	12	42.86	7	50	
Total	21	100.00	14	100	35

4.2.1.5. Associação entre o vírus do papiloma humano e o alcoolismo

A Tabela (4-19) mostra que 6 dos 10 doentes eram consumidores de álcool, representando (60%) um resultado positivo para a infeção por HPV, não tendo sido encontrada uma associação significativa entre o alcoolismo e a infeção por HPV (P>0,05).

Tabela 4-19: Associação entre HPV e alcoolismo

HPV	Bebedor		Não bebedor		Valor de p
	Não.	%	Não.	%	
Positivo	6	60.00	10	40.00	**0.486**
Negativo	4	40.00	15	60.00	
Total	10	100.00	25	100.00	35

4.3. Expressão do gene MicroRNA-31

4.3.1. Importância do microRNA-31 como ferramenta de diagnóstico do carcinoma oral

Para estudar a natureza da alteração da dobra do miR-31 do ponto de vista estatístico, a distribuição desta variável foi submetida ao teste de normalidade de Shapiro-Wilk, como se mostra na Tabela (4-20). O resultado deste teste mostra um desvio significativo da alteração da dobra do miR-31 em relação à distribuição normal nos grupos de controlo e de doentes (P<0,05). Assim, nas secções anteriores, esta variável seria considerada como uma variável de distribuição não normal, e o tipo de testes estatísticos foi escolhido em conformidade. A distribuição de frequências da alteração do fold do miR-31 é apresentada na Figura 4-6.

Tabela 4-20: Teste de normalidade de Shapiro-Wilk

Grupo	Estatísticas	Não	Valor de p
Doentes	0.898	35	0.004
Indivíduos aparentemente saudáveis	0.819	20	0.002

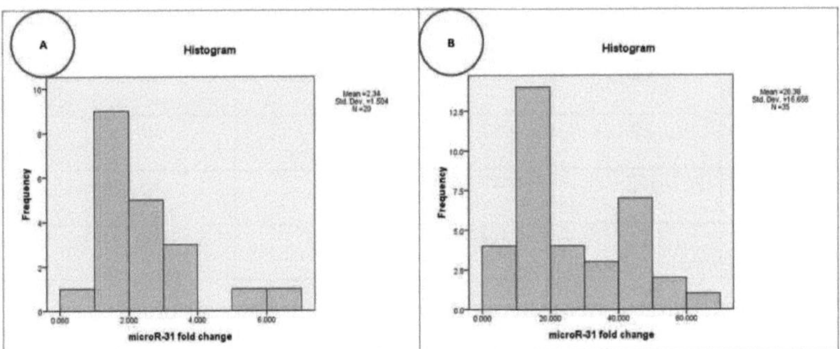

Figura 4-6: Histograma que mostra a distribuição não normal (não paramétrica) da alteração fold do microRNA em: A indivíduos aparentemente saudáveis, B grupo de pacientes

A Tabela (4-21) mostra que a alteração mediana do fold foi mais elevada no grupo de doentes do que no grupo de indivíduos aparentemente saudáveis, 19,634 versus 1,962. O teste U de Mann Whitney mostra que esta diferença foi estatisticamente muito significativa (P<0,001), como se pode ver na (Figura 4-7), (Figura 4-8) e (Figura 4-9).

Tabela 4-21: Parâmetros descritivos relacionados com a alteração fold do miR-31 em doentes e indivíduos aparentemente saudáveis

Grupo	Mediana	SE*	Nível mínimo	Nível máximo	Skewness	Curtose	Valor de p
Doentes	19.634	2.815	6.856	67.150	0.780	-0.460	**P<0.001**
Indivíduos aparentemente saudáveis	1.962	0.336	0.756	6.395	1.610	2.416	

*DE; Erro padrão

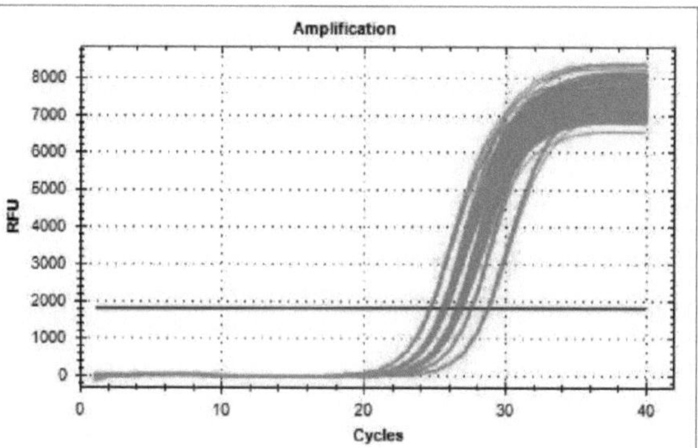

Figura 4-7: Gráfico de amplificação da PCR em tempo real do modelo de cDNA para o microRNA-31 nas amostras do grupo de doentes. "A otimização da PCR em tempo real foi efectuada pelo fabricante do kit (Bioneer-Korea)"

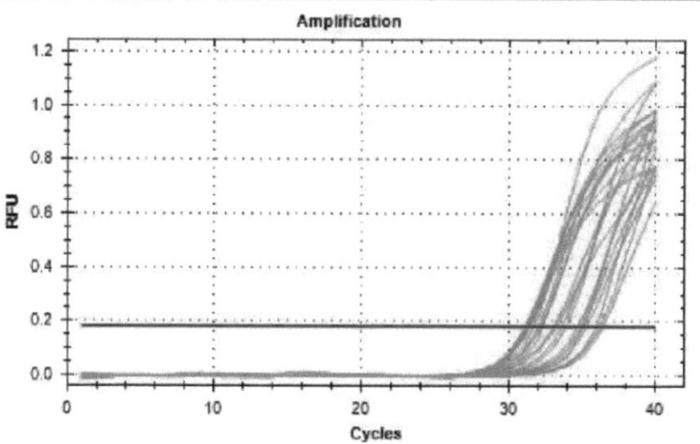

Figura 4-8: Gráfico de amplificação da PCR em tempo real do modelo de cDNA para o microRNA-31 em amostras de indivíduos aparentemente saudáveis. "A otimização da PCR em tempo real foi efectuada pelo fabricante do kit (Bioneer-Korea)"

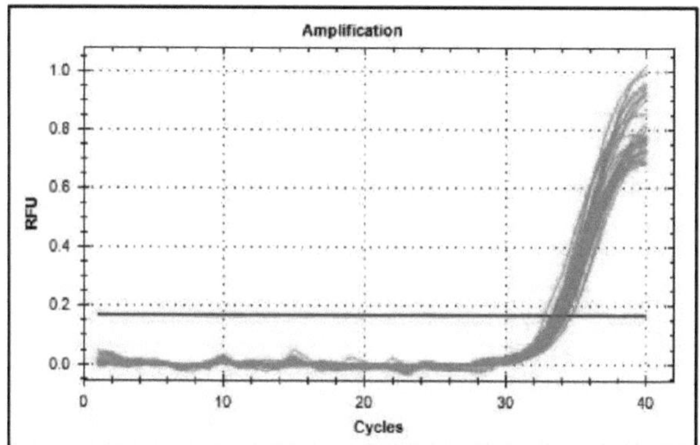

Figura 4-9: Gráfico de amplificação da PCR em tempo real do modelo de cDNA para o gene de referência (GAPDH). "A otimização da PCR em tempo real foi efectuada pelo fabricante do kit (Bioneer-Korea)"

Pode-se sugerir a presença de um valor de corte do miR-31 que segregue pacientes de indivíduos aparentemente saudáveis, o que pode ser aplicado no futuro para o diagnóstico de massas suspeitas de cabeça e pescoço. A melhor ferramenta estatística para esse efeito é a análise da curva ROC (receiver operator characteristic), como se mostra na Figura (4-10).

O teste deu um valor de corte para o miR-31 de 6,623, como se mostra na Tabela (4-22). Qualquer doente com um valor igual ou superior a 6,623 será considerado suspeito de ser um tumor maligno. O teste foi altamente significativo, com uma sensibilidade e especificidade de 100% e uma exatidão de 100%, como mostra a Tabela (4-23) (Anexo III).

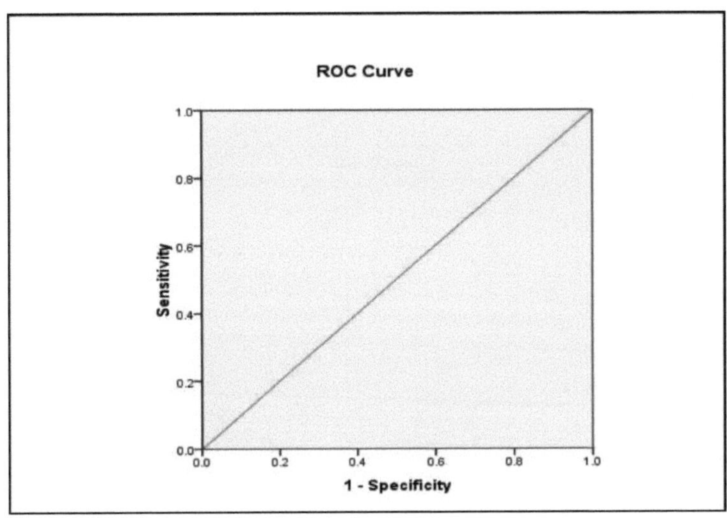

Figura 4-10: Curva Caraterística do Operador do Recetor (ROC)

Tabela 4-22: Coordenadas da curva

Positivo se for maior ou igual a	Sensibilidade	1 - Especificidade
-	-	-
-	-	-
-	-	-
3.399	1.000	0.150
4.568	1.000	0.100
6.064	1.000	0.050
6.623	**1.000**	**0.000**
7.322	0.971	0.000
7.913	0.943	0.000

8.066	0.914	0.000
9.269	0.886	0.000
-	-	-
-	-	-
-	-	-

Tabela 4-23: Parâmetros relacionados com a análise da curva ROC

Parâmetro	valor	Interpretação
Corte	6.623	
Sensibilidade	100	Excelente
Especificidade	100	Excelente
AUC	1.000	Excelente
Valor de p	<0.001	Altamente significativo

4.3.2. Associação entre o microRNA-31 e outras variáveis

A correlação entre a idade dos doentes e a alteração da dobra do miR-31 foi estudada utilizando o teste de classificação de Spearman, que demonstrou uma correlação negativa não significativa (r = - 0,236, P>0,05), conforme ilustrado na Figura 4-11.

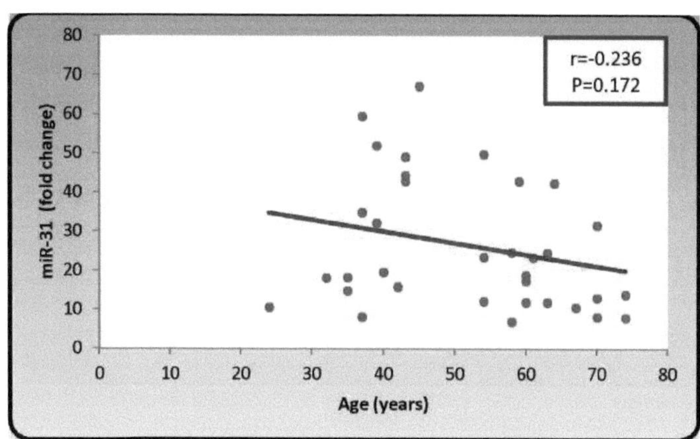

Figura 4-11: Correlação de Spearman Rank entre a idade dos doentes e a alteração do fold do miR-31

A alteração mediana do fold foi de (19,193) e (23,336) nos doentes do sexo masculino e feminino, respetivamente. A diferença não se revelou significativa com a utilização do teste U de Mann Whitney (P>0,05), como se mostra na Tabela (4-24).

Tabela 4-24: Mediana da alteração do fold do microRNA em pacientes do sexo masculino e feminino

Género	Não.	Mediana	Valor de p
Masculino	24	19.193	**0.683**
Feminino	11	23.336	
Total	35	19.634	

A alteração mediana do fold do miR-31 foi mais elevada nos doentes com adenocarcinoma das glândulas salivares (24,595), não se registou uma associação significativa entre a alteração mediana do fold dos subtipos histológicos e a alteração do fold do miR-31 (P>0,05), como se mostra na Tabela (4-25).

Tabela 4-25: Mediana da alteração fold do microRNA em diferentes subtipos histológicos

Subtipo histológico	Não.	Mediana	Valor P
SCC	26	21.485	**0.878**
Adenocarcinoma das glândulas salivares	5	24.595	
Outros	4	15.817	
Total	35	19.634	

A alteração mediana do fold do miR-31 foi mais elevada nos doentes com pavimento da boca (32,215), não se verificou qualquer associação entre a alteração mediana do fold para os locais do tumor e a alteração do fold do miR-31 (P>0,05), como se mostra na Tabela (4-26).

Tabela 4-26: Mediana da alteração do fold do microRNA em vários locais do tumor

Local	Não.	Mediana	Valor P
Pavimento da boca	5	32.215	**0.347**
Amígdalas	5	17.235	
Borda lateral da língua	14	17.213	
Outros	11	18.752	
Total	35	19.634	

A Tabela (4-27) mostra a alteração mediana da dobra do miR-31 em diferentes graus de tumor. Foi mais elevada nos tumores de grau III (31,58), não se registou uma associação significativa entre a alteração mediana da dobra do miR-31 nos três graus de tumores (P>0,05).

Tabela 4-27: Mediana da alteração do fold do microRNA nos três graus de tumor

Grau	Não.	Mediana	
I	24	21.49	**0.155**
II	4	13.84	
III	7	31.58	
Total	35	19.63	

A alteração fold mediana do miR-31 nos fumadores foi de (19,63), não tendo havido diferenças significativas entre os doentes fumadores e os não fumadores (P>0,05), como se mostra na Tabela (4-28).

Tabela 4-28: Mediana da alteração do fold do microRNA em pacientes fumadores e não fumadores

Fumar	Não.	Mediana	Valor de p
Fumador	21	19.63	**0.946**
Não fumador	14	20.80	
Total	35	19.63	

Além disso, a alteração mediana da dobra do miR-31 nos consumidores de álcool foi de (21,12), não tendo havido diferenças significativas entre os doentes alcoólicos e não alcoólicos (P>0,05), como se mostra na Tabela (4-29).

Tabela 4-29: Mediana da alteração do fold do microRNA em pacientes alcoólicos e não alcoólicos

Alcoolismo	N	Mediana	Valor de p
Bebedor	10	21.12	**0.596**
Não bebedor	25	19.63	
Total	35	19.63	

Além disso, a alteração mediana do fold em doentes com infeção positiva por HPV foi de (27,776), enquanto que em doentes com infeção negativa por HPV foi de (18,256), não se verificou uma associação significativa entre a infeção por HPV e a alteração do fold do miR-

31 (P>0,05), como se mostra na Tabela (4-30).

Tabela 4-30: Mediana da alteração fold do miR-31 em pacientes com HPV positivo e negativo

HPV	Não.	Mediana	Valor de p
Positivo	16	27.776	**0.136**
Negativo	19	18.256	
Total	35	19.634	

A tabela (4-31) mostra que a alteração mediana da dobra do miR-31 em diferentes genótipos de HPV. O HPV-11 foi o mais elevado com (67,150), seguido do HPV-18 com (32,215) e, finalmente, do HPV-16 com (14,744). Não houve associação entre a alteração da dobra mediana do miR-31 em diferentes genótipos de HPV (P>0,05).

Tabela 4-31: Mediana da alteração fold do microRNA-31 em diferentes genótipos de HPV

Genótipo do HPV	Não.	Mediana	Valor P
HPV-18	11	32.215	**0.154**
HPV-16	4	14.744	
HPV-11	1	67.150	
Negativo	19	18.256	
Total	35	19.634	

Capítulo 5. Discussão

5.1. Critérios demográficos e aspectos clinicopatológicos associados ao cancro oral

5.1.1. Idade e género

A maioria dos doentes no presente estudo tinha mais de 40 anos de idade, com uma proporção de (74,28%). Estes resultados estão de acordo com vários estudos iraquianos anteriores efectuados por (Khashman, 2008; Mudhir, 2013) [183, 184], que referiram que (83% e 81%), respetivamente, dos doentes estudados com CO tinham mais de 40 anos de idade. A probabilidade prolongada de exposição a agentes cancerígenos ambientais, como produtos químicos, radiação e vírus, aumenta com o envelhecimento [185]. Os doentes imunodeprimidos devido ao envelhecimento, à senescência do sistema imunitário e ao declínio da vigilância imunitária podem levar à acumulação de mutações do ADN celular, que podem ser consideradas como um fator adicional no desenvolvimento de tais tumores malignos [186].

A maioria dos estudos ocidentais reforçou que a CO é diagnosticada maioritariamente em adultos com uma idade média entre os cinquenta e os setenta anos [187-192]. Entretanto, um estudo efectuado por Effiom *et al.*, (2008) na Nigéria, revelou uma idade média de 45,3 anos e que 40% dos doentes tinham idades inferiores a 40 anos [193]. Parece que existem diferenças geográficas e populacionais na idade média dos doentes afectados.

No que diz respeito à distribuição por género no presente trabalho, há uma predominância do sexo masculino no grupo de doentes, 24 dos 35 doentes representando (68,57%), e mais doentes do sexo masculino são significativamente mais velhos do que os do sexo feminino. O rácio entre homens e mulheres é de 1,86:1. Esses achados estão de acordo com os estudos de (Al-Rawi e Talabani, 2008; Losi-Guembarovski *et al.*, 2009; Grimm, 2012; e Piers *et al.*, 2013) [26, 194, 190 e 191] eles relataram que a proporção homem: mulher era de 2: 1, sendo que o homem tem <4 vezes mais risco de ser afetado por OC [195]. Uma das possíveis razões para a maior incidência de CO em homens pode ser devido ao maior consumo de tabaco e produtos alcoólicos.

No entanto, vários outros estudos referem que a disparidade no rácio entre homens e mulheres se tornou menos pronunciada, com um rácio médio entre homens e mulheres inferior a 2:1 [187-189 e 184]. Provavelmente devido a alterações nas actividades sociais e quotidianas associadas ao modo de vida e ao perfil social da mulher moderna, que conduzem a uma tendência e maior exposição das mulheres a agentes cancerígenos, como o consumo de tabaco e álcool, e à exposição a agentes biológicos, como os subtipos de alto risco do vírus do papiloma humano (HPV).

5.1.2. Aspectos clinicopatológicos do cancro oral

Quando se tem em consideração o subtipo histológico dos tumores, 26 dos 35 casos eram carcinoma de células escamosas (CEC), que foi observado em 74,29% dos doentes. Este resultado vai ao encontro dos obtidos por Delavaran *et al.*, 2009; Chamani *et al.*, 2009; Aghbali *et al.*, 2011; e Maleki *et al.*, (2015) [196-198 e 192], em que o CEC representava 73%, 71,3, 79% e 70%, respetivamente, e era o mais comum entre todos os tipos de CO no Irão. Um estudo de Johnson *et al.*, (2011) enfatizou que o CEC representa 80 a 90% de todos os malignos orais em países desenvolvidos [189]. O CEC não apresenta qualquer dificuldade de diagnóstico para o patologista experiente e, até certo ponto, o julgamento sobre a invasão precoce é subjetivo e pode ser importante para o patologista comunicar a dificuldade de interpretação ao clínico. Alguns patologistas indicarão que, embora não sejam demonstradas provas inequívocas de invasão, consideram que a lesão deve ser considerada um carcinoma invasivo precoce.

No entanto; Piers *et al.*, (2013) relataram que 33% de todos os tumores malignos orais diagnosticados no Laboratório de Patologia Oral da Universidade Estadual do Rio de Janeiro não eram CEC. Supõe-se que o encaminhamento adicional de casos malignos complexos e desafiadores pode ser responsável por esse viés na frequência de CCEO [191].

A língua é uma localização topográfica preferida para o CO, uma observação neste estudo com uma proporção de (40%) dos doentes é compatível com os resultados de estudos realizados por (Khashman, 2008; Al-Sened, 2009) em doentes iraquianos, que mostraram que a língua era o local predominante em (43,9%, 42,4%) dos casos, respetivamente [183, 199].

No Irão, (Andisheh-Tadbir, *et al.*, 2008; Aghbali *et al.*, 2012; e Maleki *et al.*, 2015) também observaram que a língua era o local mais comum, com proporções de (55,5%; 35% e 29,9%), respetivamente [187, 200 e 192]. Um estudo realizado por Halboub *et al.*, (2012) no Iémen relatou (53%) de frequência da língua entre os seus doentes [201]. Em contraste, os resultados actuais discordam de Al-Rawi e Talabani (2008), que referiram que o lábio inferior é o local mais comum para o CCEO, seguido da língua [26]. As diferenças na frequência são atribuídas ao comportamento diferencial dos factores de risco e podem ser atribuídas ao tamanho das amostras estudadas.

Os resultados também estão de acordo com o que foi relatado anteriormente na maioria dos estudos epidemiológicos ocidentais, onde a localização do tumor foi claramente especificada na América e na Europa, a borda da língua é considerada o local mais comum para o CCEO [202, 188]. Estudos brasileiros têm achados semelhantes [190, 191 e 194], enquanto isso, a mucosa bucal é o local mais comum para CCEO no sudeste da Ásia, devido aos hábitos de mastigação de noz de areca e tabaco [189].

O grau histopatológico dos tumores revelou que a maioria dos doentes tinha tumores bem diferenciados de grau I (68,57%), seguidos de tumores pouco diferenciados de grau III (20%). Esses achados concordam com Al-Rawi e Talabani, (2008) em pacientes iraquianos com uma proporção de (70%) de pacientes com CCEO diferenciado de grau I [26]. Essa distribuição também está de acordo com a obtida por (Andisheh-Tadbir *et al.*, 2008; Delavaran *et al.*, 2009; e Maleki *et al.*, 2015), que mostraram que (55,5%, 72% e 65,7%) dos casos, respetivamente, eram tumores histopatologicamente de grau I [187, 196 e 192], no entanto; discordam de (Al-Sened, 2009; Mudhir, 2013; Piers *et al,* 2013) que demonstraram que os tumores moderadamente diferenciados de grau II apresentavam uma proporção de (60,6%, 53,8% e 40%), respetivamente [199, 184 e 191]. Contrariamente, Effiom *et al.*, (2008), que afirmaram que (47,6%) dos seus casos foram classificados histopatologicamente como tumores pouco diferenciados, enquanto os tumores bem diferenciados representaram (32,6%) [193]. As discrepâncias nos resultados entre os vários estudos podem estar relacionadas com variações nas diferenças ambientais, raciais e geográficas, para além dos métodos de recolha de dados, do tamanho das amostras estudadas e da diferença relacionada com a avaliação visual do patologista.

5.1.3. Factores de risco clássicos: tabagismo e alcoolismo no cancro oral

O consumo atual e passado de tabaco e álcool são considerados os mais importantes e clássicos factores de risco para CO [189]. Os presentes resultados mostram que ambos os hábitos deletérios foram frequentemente relatados por doentes afectados por CO e que ambos eram mais comuns no sexo masculino do que no feminino; 60% (21/35) dos doentes eram fumadores, Odds Ratio (OR) 60,79, 95% Intervalo de Confiança (IC) 3,40-1086,71 e 28,57% (10/35) dos doentes eram consumidores de álcool, (OR 27,77; 95% IC 1,51-511,27), entretanto; os seus homólogos de controlo eram não fumadores e não consumidores de álcool. Estes resultados foram altamente significativos entre os doentes e os indivíduos aparentemente saudáveis (P<0,001), indicando o seu papel como fator de risco independente. Do mesmo modo, os resultados dos estudos efectuados na maior parte do mundo também confirmam este ponto [203-207]. Este padrão pode também ser responsável pelas diferenças no rácio homem:mulher dos doentes afectados por CO. Os componentes do tabaco provocam a expansão de células epiteliais escamosas pré-neoplásicas e neoplásicas durante a carcinogénese [208]. O consumo simultâneo de tabaco e álcool tem um efeito sinérgico no risco de desenvolver CO [209].

5.2. Vírus do papiloma humano e cancro oral

No mapa mundial da prevalência da CO, o Iraque está ao lado de países como o Irão, a Índia, o Paquistão e o Bangladesh, na região sul da Ásia, com uma prevalência de 20 a 36,3 em cada 100 mil pessoas [210]. A prevalência média do HPV no CO foi de aproximadamente 25%, variando entre (<5%-100%), em pequenos estudos, e (1,4-48,8%) em grandes estudos, com base na área etno-geográfica, na dimensão da amostra, no método de deteção do ADN do HPV no tecido e na classificação dos subsítios da cabeça e do pescoço [211-213].

5.2.1. Deteção e genotipagem do vírus do papiloma humano

Os resultados deste trabalho demonstraram que o ADN do HPV foi detectado de forma altamente significativa em 16 dos 35 doentes, representando (45,71%), (OR 34,69; IC 95% 1,95-618,66) utilizando amostras de saliva, enquanto os indivíduos de controlo não apresentavam a presença de ADN do HPV, o que sugere uma forte associação entre o HPV e a OC. Os presentes resultados estão em conformidade com estudos de caso-controlo semelhantes obtidos por (SahebJamee *et al.*, 2009; Kermani *et al.*, 2012; Tabatabai *et al.*, 2015), que relataram a deteção de HPV com uma prevalência de (40,9%, 42,8% e 43,9%), respetivamente, entre os casos de CO no Irão [109, 214 e 116].

Um estudo de Hasan e Ali, (2011); investigou a prevalência e a genotipagem de espécimes de tecido de arquivo de ADN de HPV com CCEO utilizando hibridização *in situ* com sondas de ADN de HPV de alto risco coquetel e especificadas de 72 espécimes de tecido (41 pacientes com CCEO e 31 indivíduos com tecidos orais aparentemente saudáveis). Entre o grupo de CCEO, 16 espécimes continham ADN de HPV relacionado com os genótipos de HPV do cocktail (39%), sendo que o HPV-18 foi predominante (68,75%), enquanto o HPV-

16 representou (43,75), seguido do HPV-31/33 (12,5%). A infeção mista de genótipos de HPV foi detectada em 31,3%. A deteção do ADN do HPV também foi documentada em 3,2% dos tecidos que apareciam como saudáveis nos exames histopatológicos [121]. A explicação possível pode ser devida ao cancro frequentemente ulcerado na cavidade oral, que pode servir de local de entrada para o vírus quando há exposição.

É necessário ter em conta as considerações sobre a deteção viral: o rastreio de um número limitado de genótipos em alguns estudos é um fator importante que pode conduzir a resultados falsos negativos e, consequentemente, a uma subestimação do papel do HPV no CCEO. Um exemplo notável é o estudo de Kojima *et al.,* (2002) no qual a ISH-tiramida expôs uma prevalência elevada de HPV-38 (n=35/53) no CCEO, representando 66%, um genótipo raramente investigado noutros estudos [215]. (2012), que detectaram genótipos (44, 53 e 70) em carcinomas espinocelulares orais e orofaríngeos por sequenciação de ADN após PCR, mas não tiveram êxito com o método ISH, uma vez que os kits comerciais disponíveis não incluem as sondas correspondentes: foram concebidos principalmente para detetar genótipos de alto risco associados a lesões anogenitais [216]. Pode ser ainda demasiado cedo para confirmar se os oito tipos de HPV-AR mais comuns no cancro do colo do útero (16, 18, 31, 33, 35, 45, 53 e 58) são também os tipos mais prevalentes nos cancros orais, orofaríngeos e laríngeos, devido à falta de estudos que utilizem métodos de teste do HPV que abranjam a maioria dos tipos de mucosas, como a genotipagem multiplex baseada em Luminex, que pode detetar 100 genótipos diferentes de HPV simultaneamente [217].

Tanto quanto é do nosso conhecimento, o presente estudo é o primeiro no Iraque relativo à deteção do HPV a partir de células esfoliadas da saliva através da identificação do ADN viral com conjuntos de iniciadores baseados na sequência do gene da proteína parcial do capsídeo (L1) do HPV, tendo depois sido efectuada a genotipagem utilizando o método de sequenciação direta.

A frequência do HPV neste estudo está de acordo com o estudo de meta-análise efectuado por Dayanni *et al.,* (2010) nos EUA; a frequência do tumor CEC orofaríngeo relacionado com o HPV foi (41%) em 5681 pacientes [213]. Kulkarni *et al.,* (2011) relataram uma alta prevalência (24 de 35), 70,6% de HPV em pacientes com CEC orofaríngeo na Índia usando amostra de saliva [112]. Um estudo recente de Akhter *et al.,* (2013) revelou que apenas 3% (1 em 34 pacientes) tinham HPV em pacientes do Bangladesh [218]; os resultados do presente trabalho discordam dos resultados mencionados. Gichki *et al.,* (2012) investigaram a presença de HPV num grupo de indivíduos paquistaneses com cavidade oral normal utilizando uma amostra de saliva, revelaram que (24,5%) deles eram positivos para o ADN do HPV, o que discorda dos resultados do presente estudo no que diz respeito aos indivíduos de controlo [219].

Em relação aos genótipos do HPV, o subtipo predominante foi o HPV-18, com 31,43% (11/35) dos casos, e o HPV-16 e o HPV-11 foram observados em (11,43% e 2,86%), respetivamente. Esses achados são concordantes com (Kermani *et al.*, 2012), que relataram que o HPV-18 foi o tipo mais frequente com (28,6%) de OSCC, seguido pelo HPV-16 com (14,3%) dos casos [214]. (2006), na África do Sul, que indicou que o HPV-18 foi o único tipo de HPV detectado em 59 doentes com CCEO [211]. No entanto, o HPV-6 e o HPV-11 também podem ser encontrados numa minoria de cancros orais, o que implica que estes tipos de HPV de baixo risco não são tipos totalmente benignos quando infectam os locais orais [220].

Os resultados do presente estudo discordam de (Kreimer *et al.*, 2005; SahebJamee *et al.*, 2009; Dayanni *et al.*, 2010; Kulkarni *et al.*, 2011; e Tabatabai *et al.*, 2015), segundo os quais o HPV-16 foi o HR-HPV mais comum relacionado com o CCEO [220, 109, 213, 112 e 116]. Esta discrepância pode dever-se a uma variedade de razões, tais como: a escolha dos primers utilizados na PCR, os métodos utilizados para a deteção do HPV, o tipo de amostragem e as diferenças inerentes às populações em estudo [80].

5.2.2. Critérios demográficos associados à frequência da infeção pelo vírus do papiloma humano

Numerosos estudos implicaram que a prevalência do HPV estava correlacionada com a idade dos doentes. Os resultados deste estudo mostram que a idade média dos doentes com HPV positivo foi significativamente inferior à dos doentes com HPV negativo, 47,13±13,01 anos versus 56,53±13,13 anos ($P<0,05$). O aumento da incidência de CCEO por HPV (+) ocorre principalmente em indivíduos com idades compreendidas entre os 40 e os 55 anos, sem factores de risco ambientais, e está associado a uma infeção persistente por HPV-AR [221]; estes doentes com CCEO por HPV (+) tendem a ser mais jovens do que os doentes com HPV (-) [222].

Kermani *et al.* (2012), no seu estudo, demonstraram que a idade média dos doentes com HR-HPV positivo era de 42,17±5,03 anos com um intervalo de idades (35-50) que era quase consistente com os resultados do presente estudo [214]. Uma explicação dos resultados relativos à idade média será indefinida na presença de outros factores de risco ambientais e da sua forte associação com os doentes com CO no presente estudo.

Estudos ocidentais na Austrália, Suécia, Finlândia e República Checa revelaram um aumento da incidência de CCEO durante a última década, declarando que o grupo etário mais jovem afetado por tumores HPV positivos ocorre frequentemente na orofaringe [223-226]

Os resultados do presente estudo discordam dos resultados de (SahebJamee *et al.,* 2009; Tabatabai *et al.,* 2015), segundo os quais a prevalência do HPV em pessoas idosas com mais de 50 anos é superior à das pessoas com menos de 50 anos [109, 116].

Nos últimos 30 anos, os cancros das amígdalas e da orofaringe aumentaram em termos de predominância masculina, apesar de um declínio do tabagismo nos países desenvolvidos, o que está relacionado com a proporção crescente de cancros HPV (+). Estudos recentes revelaram que os comportamentos sexuais de alto risco, incluindo o sexo oral e os múltiplos parceiros sexuais, são os factores de risco para o CO relacionado com o HPV em idades jovens [227, 228].

Em relação ao genótipo do HPV, neste estudo o HPV-18 foi registado em homens com CCEO ligeiramente superior ao das mulheres (55% versus 45%). Este achado foi em paralelo com os resultados obtidos por (Kreimer *et al.,* 2011; Tabatabai *et al.,* 2015), no entanto; os resultados discordam de ambos no que respeita ao subtipo de HPV, em que o HPV-16 foi o mais predominante [229, 116]. Os resultados são contrários a outro estudo realizado no Irão por Kermani *et al.,* (2012) em que a prevalência de HPV no CCEO em mulheres é superior à dos homens [214]. Por conseguinte, o género não pode ser considerado como um fator de risco que afecta a prevalência do HPV neste estudo.

5.2.3. Critérios clinicopatológicos associados à infeção por HPV

A borda lateral da língua, representando (43,75%), com predominância do HPV-18, foi registada no presente estudo, o que está de acordo com os resultados de Kermani *et al.,* (2012), em que o HPV-18 foi o subtipo mais frequente observado na língua, com uma proporção de (40%) do que noutros locais [214], mas em contraste com SahebJamee *et al.,* (2009), em que o subtipo mais frequente foi o HPV-16, observado na língua, com uma proporção de (45,45%) do que noutros locais orais [109]. No entanto, os resultados são contrários aos de Tabatabai *et al.* (2015), que relataram que o local mais frequente de prevalência do HPV-16 foi a mucosa bucal, com uma proporção de 42,8% [116]. Poucos investigadores descobriram que existe uma predileção específica do local do HR-HPV em relação ao tecido não queratinizado da língua [230, 231].

No que diz respeito ao grau de diferenciação dos tumores em relação à positividade do HPV, a grande maioria do grupo de pacientes tem tumores bem diferenciados de grau I (80%; 13 de 16 pacientes), com frequência de HPV-18 (61,5%; 8 de 13 pacientes). Esses resultados estão de acordo com um estudo recente de Patil *et al.*, (2014) que investigou a correlação do HPV em graus histológicos de CCEO; tumores bem diferenciados foram os mais prevalentes no tecido da língua, seguidos pela mucosa bucal [232].

Entretanto, os resultados deste estudo são contrários aos de Kermani *et al.* (2012), em que a maioria dos doentes apresentava um estádio avançado da doença de grau III, com uma proporção de 64% [214]. Alguns estudos demonstraram a relevância do CCEO positivo para HPV e de tumores de grau mais avançado e metástases nodais [233, 234]. Uma possível explicação para os resultados actuais é a pequena dimensão do grupo estudado e o enviesamento em relação aos tumores de grau I, devido ao facto de o local da língua ser, na sua maioria, diagnosticado histologicamente como tumores de grau I [191].

5.2.4. Frequência do HPV e factores de risco ambientais

No presente estudo, não foi encontrada qualquer correlação entre o consumo de cigarros e/ou de álcool com tumores positivos para o HPV. Estes resultados podem ser interpretados como uma associação entre o tabagismo e/ou o consumo de álcool e o CO relacionado com o HPV, que são factores de risco independentes para o CO; no entanto, Gillison *et al.* (2008) descobriram uma correlação fraca com o consumo de marijuana [117].

Embora o tabagismo e o consumo de álcool sejam os principais factores de risco para o CCEO, numerosos estudos demonstraram que os doentes com CCEO relacionado com o HPV têm menos probabilidades de fumar e consumir álcool [233, 234]. Existe alguma controvérsia sobre o impacto do tabagismo e do consumo de álcool na infeção pelo HPV no CCEO; alguns estudos sugeriram efeitos aditivos do tabagismo na positividade do HPV no CEC da cavidade oral e da orofaringe. Smith *et al.*, (2004) referiram que o tabaco e o álcool têm um efeito sinérgico na positividade do HR-HPV [100]. Outros investigadores demonstraram que os fumadores seropositivos para o HPV têm um risco mais elevado de desenvolver CCEO [235-237].

5.3. MicroRNA salivar e cancro oral

O comportamento clínico do CCEO pode estar associado à recorrência do tumor e constitui um grande desafio para a deteção precoce; assim, são urgentemente necessários biomarcadores mais sensíveis e específicos para os doentes com lesões orais cancerosas e pré-cancerosas, bem como para o fellow-up pós-operatório. A saliva, ao contrário de outros fluidos corporais em que os tecidos orais estão continuamente imersos, pode fornecer informações mais diretas sobre o estado da doença na mucosa oral. Por conseguinte, a procura de novos biomarcadores no secretoma da saliva pode beneficiar os doentes com CO [238].

Os microRNAs (miRNAs) são RNAs curtos não codificantes, caracterizados pelo seu papel regulador no cancro e na expressão genética. Cada vez mais provas têm sugerido papéis importantes para vários miRNAs na carcinogénese e que um único miRNA é capaz de visar várias transcrições de mRNAs, afectando assim potencialmente várias vias celulares importantes envolvidas em processos tumorigénicos; por conseguinte, os padrões de assinatura de miRNAs representativos podem ter um valor de diagnóstico significativo para a deteção precoce do cancro [239, 147].

5.3.1. Utilidade clínica do microRNA-31 salivar como ferramenta de diagnóstico

Vários estudos descobriram que os miRNAs nos fluidos corporais são estáveis e podem resistir à degradação a temperaturas altas e baixas, em ácidos e bases fortes, e pela RNase, o que se deve provavelmente ao facto de os miRNAs livres nos fluidos corporais estarem envolvidos por proteínas ou armazenados em vesículas chamadas exossomas [240, 241]. Patel *et al.* (2011) descobriram que os níveis de expressão dos miRNAs salivares eram estáveis e que esses níveis eram reprodutíveis nos indivíduos. Concretamente com os estudos acima referidos, a medição de miRNAs salivares em doentes com CCEO por qRT-PCR parece ser uma abordagem promissora para identificar novos biomarcadores na saliva [242].

Os resultados actuais demonstram que a alteração mediana da dobra do miR-31 foi acentuadamente mais elevada no grupo de doentes do que em indivíduos aparentemente saudáveis 19,634 versus 1,962; esta diferença foi estatisticamente muito significativa, indicando a sua forte correlação com o CO. Estes resultados estão em concordância com [16, 169 e 243].

Liu *et al.* (2012) descobriram que o miR-31 salivar estava significativamente aumentado em doentes com CO em todos os estádios clínicos e que o miR-31 era mais abundante na saliva do que no plasma, sugerindo que o miR-31 salivar era um marcador mais sensível para a malignidade oral. Além disso, após a excisão do carcinoma oral, o miR-31 salivar foi notavelmente reduzido, indicando que a maior parte do miR-31 salivar regulado positivamente provinha dos tecidos tumorais [16]. Apesar do facto de múltiplas fontes poderem contribuir para o miR-31 salivar, o resultado de o miR-31 salivar ser muito mais elevado do que o do plasma implicou uma contribuição local significativa do miR-31 para o conteúdo da saliva [16]. Os resultados do presente trabalho apontam para uma potencial aplicação do miR-31 salivar como biomarcador para a deteção do carcinoma oral.

5.3.2. Parâmetros demográficos e clinicopatológicos relacionados com o miR-31

A associação da expressão do miR-31 com o CCEO, parâmetros sócio-demográficos e clinicopatológicos é essencial para uma melhor compreensão da forma como os miRNAs estão envolvidos no desenvolvimento do CCEO. Embora os miR-31 aqui investigados tenham sido previamente implicados em vários cancros, as suas funções são ainda largamente desconhecidas, especialmente no CCEO.

Com base no teste de Spearman, a idade e o género do grupo de doentes no presente trabalho demonstraram uma correlação negativa não significativa com a expressão do miR-31. Estes resultados estão de acordo com um estudo recente de Siow *et al.,* (2014) [243].

Em relação ao subsítio do tumor, a expressão mediana mais baixa do miR-31 foi em pacientes com borda lateral da língua (mediana = 17,21), a mediana estava no nível mais alto na diferenciação de grau III (mediana = 31,58), seguida pela diferenciação de grau I (mediana = 21,49). Os resultados atuais estavam de acordo com Siow *et al.,* (2014), tanto em relação ao subsítio do tumor quanto à diferenciação do grau do tumor [243].

O miRNA-31 pode desempenhar um papel na fase inicial do desenvolvimento do cancro, tal como foi referido em estudos anteriores, aumentando as funções dos eventos da fase inicial, como a proliferação e a tumorigenicidade das células cancerígenas OSCC, em grande parte através da inibição dos reguladores negativos das vias oncogénicas quando expressos de forma aberrante [170]. Estes resultados sugerem que o miR-31 pode desempenhar um papel nas diferentes fases da carcinogénese oral.

Coincidentemente, os hábitos de risco como o tabagismo, o consumo de álcool e a prevalência do HPV têm uma expressão mediana do miR-31 quase igual entre os casos positivos e negativos no grupo de doentes; reiterando o facto de que estes factores de risco são factores independentes que podem ser diferentes do ponto de vista molecular do que o papel oncológico do miR-31 como um oncomir que afecta a tumorigénese celular, seria necessário um tamanho de amostra maior com um número suficiente de cada grupo de hábitos para abordar esta relação.

CONCLUSÕES

1- A deteção do vírus do papiloma humano como um fator de risco independente para o cancro oral e a forte correlação com um subconjunto destes tumores pode ter um papel no processo de tumorigénese.

2- A frequência significativa de genótipos de HPV altamente oncogénicos detectados em doentes com carcinoma espinocelular oral indica um sinal de alarme para a propagação desta importante infeção sexualmente transmissível na população geral do Iraque.

3- O vírus do papiloma humano de alto risco do tipo 18 é o subtipo mais predominante numa amostra de pacientes iraquianos com cancro oral.

4- O cancro oral relacionado com o vírus do papiloma humano foi encontrado num grupo etário mais jovem, com menos de 50 anos, o que pode implicar que se considere este tumor como uma nova entidade, diferente do cancro causado por alterações genéticas.

5- O microRNA-31 salivar registou uma associação altamente significativa com o grupo de doentes, ao contrário dos seus homólogos aparentemente saudáveis, o que aponta para uma aplicação potencial na deteção de carcinoma oral.

RECOMENDAÇÕES

1- A estimativa da carga viral do papiloma humano e a presença do ARNm do HPV-E6 e E7 apoiarão fortemente um papel oncogénico do HPV no carcinoma espinocelular oral.

2- Realização de um estudo para investigar qualquer associação de HPV de alto risco entre o colo do útero e a cavidade oral nos mesmos indivíduos.

3- Estudo epidemiológico para avaliar a prevalência de genótipos de HPV num elevado número de população normal.

4- O padrão de expressão dos miRNAs no CO utilizando técnicas de perfil de microarray de alto rendimento pode revelar novas alterações relacionadas com o cancro, o que seria benéfico para um estudo mais aprofundado do potencial biológico funcional dos miRNAs em relação ao desenvolvimento do CO.

5- Estudo prospetivo do microRNA-31 na população normal e em doentes pré-malignos.

6- Aplicação do microRNA-31 salivar como biomarcador para o diagnóstico precoce e o acompanhamento pós-operatório.

REFERÊNCIAS

1. Jemal A, Bray F, Ferlay J, *et al.* Estatísticas globais sobre o cancro. CA Canc J Clin. 2011;61(2):69-90. doi: 10.3322/caac.20107. Epub 2011 Feb 4.

2. Rosebush MS, Rao SK, Samant S, Gu W, *et al.* Cancro oral: caraterísticas duradouras e tendências emergentes. J Tenn Dent Assoc. 2011;91(2):24-7.

3. Ferlay J, Parkin DM, Steliarova-Foucher E. Estimates of cancer incidence and mortality in Europe in 2008 (Estimativas da incidência e mortalidade por cancro na Europa em 2008). Eur J Canc. 2010;46:765-8.

4. Grupo de Trabalho da IARC para a Avaliação dos Riscos Carcinogénicos para os Humanos. Papilomavírus humano. IARC Monogr Eval Carcinog Risks Hum. 1995;64:1-378. [PMID: 16755705].

5. Syrjanen S. Human papillomavirus infections and oral tumors (Infecções por papilomavírus humano e tumores orais). Med Microbiol Immunol. 2003;192:123-8.

6. IARC Monographs on the Evaluation of Carcinogenic Risks to Humans Organização Mundial de Saúde e Centro Internacional de Investigação do Cancro, Vol 90, Human Papillomaviruses, Lyon, 2007.

7. Braakhuis BJ, Snijders PJ, Keune WJ, *et al.* Genetic patterns in head and neck cancers that contain or lack transcriptionally active human papillomavirus. J Natl Canc Inst. 2004;96(13):998-1006.

8. Kreimer AR, Clifford GM, Snijders PJ, *et al.* Carga viral semiquantitativa do HPV16 e biomarcadores serológicos em carcinomas de células escamosas orais e orofaríngeos. Int J Canc. 2005;115:329-32.

9. Lace MJ, Anson JR, Klussmann JP, *et al.* Os genomas do papilomavírus humano tipo 16 (HPV-16) integrados em cancros da cabeça e do pescoço e em clones de queratinócitos humanos imortalizados pelo HPV-16 expressam ARNm de células virais quiméricas semelhantes aos encontrados nos cancros do colo do útero. J Virol. 2011;85:1645-54.

10. Li Y, St John MA, Zhou X, *et al.* Diagnóstico do transcriptoma salivar para deteção do cancro oral. Clin Canc Res. 2004;10:8442-50.

11. SahebJamee M, Eslami M, AtarbashiMoghadam F, et al. Concentração salivar de

TNFalpha, IL1alpha, IL6, e IL8 no carcinoma oral de células escamosas. Med Oral Patol Oral Cir Bucal. 2008;13(5):E292-5.

12. Chai RL, Grandis JR. Advances in molecular diagnostics and therapeutics in head and neck cancer (Avanços no diagnóstico molecular e na terapêutica do cancro da cabeça e do pescoço). Curr Treat Options Oncol. 2006;7:3-11. [PubMed].

13. Lee RC, Feinbaum RL, Ambros V. O gene heterocrónico lin-4 *de C. elegans* codifica pequenos RNAs com complementaridade anti-sentido ao lin-14. Cell. 1993;75:843-54.

14. Bartel DP. MicroRNAs: genómica, biogénese, mecanismo e função. Cell 2004;116:281-97.

15. Stadler BM, Ruohola-Baker H. Small RNAs: keeping stem cells in line. Cell. 2008;132:563-6.

16. Liu CJ, Lin SC, Yang CC, *et al.* Exploração do miR-31 salivar como biomarcador clínico do carcinoma espinocelular oral. Head Neck. 2012 fevereiro; 34(2):219-24.

17. Choi S, Myers JN. Patogénese molecular do carcinoma oral de células escamosas: implicações para a terapia. J Dent Res. 2008; 87:14-32 [PubMed].

18. Lozano R, Naghavi M, Foreman K, *et al.* Mortalidade global e regional por 235 causas de morte em 20 grupos etários em 1990 e 2010: uma análise sistemática para o Global Burden of Disease Study 2010. Lancet. 2013; 380:2095-2128.

19. Mehrotra R, Yadav S. Oral squamous cell carcinoma: Etiology pathogenesis and prognostic genomic alterations. Indi J Canc. 2006;43(2):60-6.

20. Scott SE, Grunfeld EA, Main J, *et al.* Patient delay in oral cancer: a qualitative study of patients' experiences. Psychooncology. 2006;15:474-85.

21. Duray A, Descamps G, Decaestecker C, *et al.* O DNA do papilomavírus humano está fortemente correlacionado com um pior prognóstico no carcinoma da cavidade oral. Laryngoscope. 2012;122:1558-65.

22. Siegel R, Naishadham D, Jemal A. Estatísticas do cancro 2012. CA Canc J Clin. 2012;62:10-29.

23. Siddiqui IA, Farooq MU, Siddiqui RA, *et al.* Papel do azul de toluidina na deteção precoce do cancro oral. Pak J Med Sci. 2006;22:184-7.

24. Garavello W, Bertuccio P, Levi F, *et al.* A epidemia de cancro oral na Europa Central e Oriental. Int J Canc. 2010;127:160-71.

25. Neville BW, Day TA. Cancro oral e lesões pré-cancerosas. CA Canc J Clin. 2002;52:195-215.

26. AL-Rawi NH, Talabani NG. Carcinoma de células escamosas da cavidade oral: uma análise de séries de casos de apresentação clínica e classificação histológica de 1425 casos do Iraque. Clin Oral Investig. 2008;12:15-18.

27. Scully C, Bagan J. Oral squamous cell carcinoma: overview of current understanding of aetiopathogenesis and clinical implications (Carcinoma oral de células escamosas: visão geral da compreensão atual da etiopatogénese e implicações clínicas). Oral Dis 2009;15:388-99.

28. McGurk M, Scott SE. The reality of identifying early oral cancer in the general dental practice. Br Dent J 2010;208:347-51.

29. Bagan J, Sarrion G, Jimenez Y. Cancro oral: caraterísticas clínicas. Oral Oncology 2010;46:414-7.

30. van Zyl AW, Bunn BK. Caraterísticas clínicas do cancro oral. SADJ novembro de 2012;67(10):566-69.

31. Ghom AG, Mhaske S, Mhaske A. Tumores malignos. Em Textbook of oral pathology. Ghom AG, Mhaske S Editores, 2nd Ed. Jaypee brothers medical publishers (P) Ltd. 2013, pp. 255-98. ISBN. 978-5090-1717.

32. Leemns C, Braakhuis BJM, Brakenhoff RH. The molecular biology of head and neck cancer (A biologia molecular do cancro da cabeça e do pescoço). Nat Rev Canc. 2011;11:9-22.

33. Hecht SS. Cigarette smoking: cancer risks carcinogens and mechanisms. Arquivos de Cirurgia de Langenbeck. 2006;391:603-13.

34. Lee YC, Zugna D, Richiardi L, *et al.* Tabagismo e risco de cancro do trato aerodigestivo superior num estudo de caso-controlo multicêntrico. Int J Canc. 2013;133:2688-95. PMID: 23719996 DOI: 10.1002/ijc.28288.

35. Baan R, Straif K, Grosse Y, *et al.* Carcinogenicity of alcoholic beverages (Carcinogenicidade das bebidas alcoólicas). Lancet Oncol. 2007;8:292-3.

36. Solomon PR, Selvam GS, Shanmugam G. Polimorfismo nos genes ADH e MTHFR no carcinoma espinocelular oral de indianos. Oral Dis. 2008;14:633-9.

37. Cawson RA, Odell EW, Porter S. Cawson's essentials of oral pathology and oral medicine. 8th edition. Elsevier. 2008. pp 403-406.

38. Neville BW, Damm DD, Allen CM, *et al.* Oral and maxillofacial pathology. Saunders 3rd edition. 2009. pp411

39. Zygogianni AG, Kyrgias G, Karakitsos P, *et al.* Oral squamous cell cancer: early detection and the role of alcohol and smoking. Head Neck Oncol. 2011;3:2. doi:10.1186/1758-3284-3-2. (http://www.headandneckoncology.org/content/3/1/2)

40. Jalouli J, Ibrahim SO, Mehrotra R, *et al.* Prevalência de infecções virais (HPV EBV HSV) na fibrose submucosa oral e no cancro oral da Índia. Ata Otolaryngol. 2010;130:1306-11.

41. Al Moustafa AE, Chen D, Ghabreau L, Akil N. Association between human papillomavirus and Epstein-Barr virus infections in human oral carcinogenesis. Med Hypotheses. 2009;73:184-6.

42. Engels EA, Biggar RJ, Hall HI. Cross H Crutchfield A Finch JL Grigg R Hylton T Pawlish KS McNeel TS Goedert JJ. Cancer risk in people infected with human immunodeficiency virus in the United States (Risco de cancro em pessoas infectadas com o vírus da imunodeficiência humana nos Estados Unidos). Int J Canc. 2008;123:187-94 [PMID]: 18435450 doi: 10.1002/ijc.23487.

43. Van der Waal I. - Doenças potencialmente malignas da mucosa oral e orofaríngea; terminologia, classificação e conceitos actuais de tratamento. Oral Oncol. 2009;45(4-5):317-23.

44. Napier SS, Speight PM. História natural de lesões e condições orais potencialmente malignas: uma visão geral da literatura. J Oral Path Med 2008;37(1):1-10.

45. Gorsky M, Epstein JP. Líquen plano oral: transformação maligna e vírus do papiloma humano: uma revisão das potenciais implicações clínicas. Cirurgia Oral, Medicina Oral, Patologia Oral, Radiologia Oral e Endodontologia. 2011; 111(4):461-64.

46. Bombeccari GP, Guzzi G, Tettamanti M, *et al.* Líquen plano oral e transformação maligna: um estudo de coorte longitudinal. Cirurgia Oral, Medicina Oral, Patologia Oral,

Radiologia Oral e Endodontologia. 2011;112(3):328-34.

47. Shen ZY, Liu W, Zhu LK, *et al.* Um estudo clínico-patológico retrospetivo sobre líquen plano oral e transformação maligna: análise de 518 casos. Medicina Oral, Patolog'ia Oral y Cirug'ia Bucal. 2012;17(6):e943-e947.

48. Kaplan I, Ventura-Sharabi Y, Gal G, *et al.* A dinâmica do líquen plano oral: um estudo clínico-patológico retrospetivo. Head and Neck Pathol. 2012;6(2):178-83.

49. Gumru B. Um estudo retrospetivo de 370 pacientes com líquen plano oral na Turquia. Medicina Oral, Patolog'ia Oraly Cirug'ia Bucal. 2013;18(3):e427-e32

50. Bardellini E, Amadori F, Flocchini P. *et al.* Caraterísticas clinicopatológicas e transformação maligna do líquen plano oral: um estudo retrospetivo de 12 anos. Ata Odontologica Scandinavica. 2013;71(3-4): 834-40.

51. Cort'es-Ram'irez D, Gainza-Cirauqui M, Echebarria-Goikouria M, *et al.* Oral lichenoid disease as a premalignant condition: the controversies and the unknown. Medicina Oral, Patolog'ia Oral y Cirug'ia Bucal. 2009; 14(3):e118-e22.

52. Garavello W, Foschi R, Talamini R, *et al.* Family history and the risk of oral and pharyngeal cancer (História familiar e risco de cancro da boca e da faringe). Int J Canc. 2008;122: 1827-31.

53. Uzawa , Akanuma D, Negishi A, *et al.* Deleções homozigóticas no braço curto do cromossoma 3 em carcinomas orais de células escamosas humanos. Oral Oncol. 2001;37:351-6.

54. Ohta S, Uemura H, Matsui Y, *et al.* Alterações dos genes p16 e p14ARF e do seu locus 9p21 no carcinoma espinocelular oral. Oral Surg Oral Med Oral Pathol Oral Radiol Endod. 2009;107:81-91.

55. Gebhart E, Liehr T, Wolff E, *et al.* A perda de 9p21 está integrada num padrão complexo mas consistente de desequilíbrios genómicos nos carcinomas orais de células escamosas. Cytogenet Genome Res.2003;101:106-12.

56. Moles MAG, Montoya JAG, Avila IR. Bases da cancerização da cavidade oral. Av Odontoestomatol. 2008;24:55-60.

57. Stephens HA, Vaughan RW, Collins R, *et al.* Towards a molecular phototyping system

for allelic variants of MICA encoded by polymorphisms in exons 2 3 and 4 of MHC class I chain related genes. Antigénios de Tecidos. 1999;53:167-74.

58. Costa Ade L, de Araujo NS, Pinto Ddos S, de Araujo VC. Dupla coloração PCNA/AgNOR e Ki-67/AgNOR no carcinoma espinocelular oral. J Oral Pathol Med. 1999;28:438-41.

59. Kozomara RJ, Brankovic-Magic MV, Jovic NR, *et al.* Significado prognóstico das mutações TP53 no carcinoma de células escamosas oral com infeção pelo vírus do papiloma humano. Int J Biol Markers. 2007;22:252-7.

60. Vousden KH, Lane DP. p53 in health and disease (p53 na saúde e na doença). Nat Rev Mol Cell Biol. 2007;8:275-83.

61. Poeta ML, Manola J, Goldwasser MA, *et al.* TP53 mutations and survival in squamous-cell carcinoma of the head and neck. N Engl J Med. 2007;357:2552- 61.

62. Todd R, Hinds PW, Munger K, *et al.* Desregulação do ciclo celular no cancro oral. Crit Rev Oral Biol Med. 2002;13:51-61.

63. Schoelch ML, Regezi JA, Dekker NP, *et al.* Proteínas do ciclo celular e o desenvolvimento do carcinoma espinocelular oral. Oral Oncol. 1999;35:333-42.

64. Nakahara Y, Shintani S, Mihara M, *et al.* Alterações de Rb p16 (INK4A) e cyclin D1 na tumorigénese de carcinomas orais de células escamosas. Canc Lett. 2000;160:3-8.

65. Liu X, Chen Z, Yu J, *et al.* MicroRNA profiling and head and neck cancer. Comp Funct Geno. 2009: Artigo 837514 11 páginas. http://dx.doi.org/10.1155/2009/837514.

66. Frazer KA, Ballinger DG, Cox DR, *et al.* Um mapa de haplótipos humanos de segunda geração com mais de 3,1 milhões de SNPs. Nature. 2007;449:851-61. [PubMed: 17943122].

67. Clague J, Lippman SM, Yang H, *et al.* Genetic variation in MicroRNA genes and risk of oral premalignant lesions. Mol Carcinog. 2010;49:183-9.

68. Ryan BM, Robles AI, Harris CC. Variação genética nas redes de microRNA: as implicações para a investigação do cancro. Nat Rev Canc. 2010;10:389-402.

69. Sobin LH, Wittekind C. TNM: Classificação dos Tumores Malignos. 6th ed. John Wiley & Sons: New York. 2002

70. Cardesa A, Gale N, Nadal A, e Zidar N. Squamous Cell Carcinoma In: Pathology and

Genetics of Head and Neck Tumours Barnes L. Eveson J.W. Reichart P. Sidransky D. (eds.): 3rd ed.: página 119. Classificação de Tumores da Organização Mundial de Saúde. 2005 www.iarc. fr/IARCPress/pdfs/indexl.php.

71. Johnson N, Franceschi S, Ferlay J, *et al.* Tumores da Cavidade Oral e da Orofaringe. Em Barnes L, Eveson JW, Reichart P, Sidransky D, editores. Pathology and Genetics of Head and Neck Tumours (Patologia e Genética dos Tumores da Cabeça e Pescoço). Classificação de Tumores da OMS. 3rd Ed. Imprensa da OMS. 2005; volume 9 pp. 168-75. ISBN: 9789283224174.

72. Brooks GF, Carroll KC, Butel JS, *et al:* Em Jawetz, Melnick & Adleberg's Medical Mcrobiology (eds.): Human Cancer Viruses. 26th ed. McGraw-Hill, CH 43: PP:602. 2013. ISBN 978-0-07-179031-4

73. Modies Y, Trus BL, Harrison SC. Modelo atómico do capsídeo do papilomavírus. EMBO J. 2002;21:4754-62.

74. Kremsdorf D, Favre M, Jablonska S. Clonagem molecular e caraterização dos genomas de nove tipos de papilomavírus humanos recentemente reconhecidos associados à epidermodisplasia verruciforme. J. Virolo.1984;52(3):1013-8.

75. Chen RW, Aaltonen LM, Vaheri A. Human papillomavirus type 16 in head and neck carcinogenesis. Rev Med Virol. 2005;15:351-63.

76. Doorbar J. Molecular biology of human papillomavirus infection and cervical cancer (Biologia molecular da infeção pelo papilomavírus humano e cancro do colo do útero). Clin Sci (Lond). 2006;110(5):525-41.

77. Coggin JR, zur Hausen H. Workshop sobre papilomavírus e cancro. Canc Res. 1979; 39:545-46.

78. Munoz N, Bosch FX, Castellsague X. Contra que tipos de papilomavírus humano devemos vacinar e rastrear? A perspetiva internacional. Inter J of Can. 2004;111:278-85.

79. Ragin CCR, Modugno F, Gollin SM. A epidemiologia e os factores de risco do cancro da cabeça e do pescoço: um enfoque no papilomavírus humano. J Dent Resea. 2007;86(2):104-14.

80. Koyama K, Uobe K, Tanaka A. Highly sensitive detection of HPV DNA in paraffin sections of human oral carcinomas. J Oral Pathol Med. 2007;36(1):18-24.

81. Termine N, Panzarella V, Falaschini S, *et al.* HPV em biópsias de carcinoma espinocelular oral *vs.* carcinoma espinocelular de cabeça e pescoço: uma meta-análise (1988-2007). Ann Oncol. 2008;19(10):1681-90.

82. De Villiers, E. M., Fauquet, C., Broker, T. R., Bernard, H. U. e zur Hausen, H. (2004). Classification of papillomaviruses. Virologia. 2004;324:17-27.

83. Chan SY, Delius H, Halpern AL, Bernard HU. Analysis of genomic sequences of 95 papillomavirus types: uniting typing, phylogeny, and taxonomy. J Virol. 1995;69:3074-83.

84. Stanley M. Immune responses to human papillomavirus (Respostas imunitárias ao papilomavírus humano). Vaccine. 2006;24(1)supplement;16-22.

85. Kanodia S, Fahey LM, Kast WM. Mechanisms used by human papillomaviruses to escape the host immune response. Curr Can Drug Targ. 2007;7(1): 79-89.

86. Doorbar J. O ciclo de vida do papilomavírus. J de Clin Virol. 2008;32 supplement: S7-S15.

87. Stanley M. Immunobiology of HPV and HPV vaccines (Imunobiologia do HPV e das vacinas contra o HPV). Gyneco Oncol. 2008;109(2) supplement:S15-S21.

88. Moody CA, Laimins LA. Human papillomavirus oncoproteins: pathways to transformation. Nat Rev Canc. 2010 Aug;10(8):550-60. Epub 2010 Jul 1.

89. Pett MR, Herdman MT, Palmer RD, *et al.* A seleção de queratinócitos cervicais contendo HPV16 integrado está associada à perda de epissomas e a uma resposta antiviral endógena. Pro Natl Acad Sci USA 2006;103:3822-7.

90. Hasan UA, Bates E, Takeshita F, *et al.* A expressão e a função do TLR9 são abolidas pelo papilomavírus humano tipo 16 associado ao cancro do colo do útero. J Immunol. 2007;178:3186- 97.

91. Tribius S, Ihloff AS, Rieckmann T, *et al.* Impacto do estatuto do HPV no tratamento do cancro de células escamosas da orofaringe: o que sabemos e o que precisamos de saber. Canc Lett. 2011 May;304(2):71-9. doi: 10.1016/j.canlet.2011.02.002.

92. Efeyan A, Serrano M. p53. Guardião do genoma e polícia dos oncogenes. Cell Cyc. 2007;6:1006-10.

93. Scheffner M, Wetness BA, Huibregtse JM, *et al.* A oncoproteína E6 codificada pelo

papilomavírus humano dos tipos 16 e 18 promove a degradação da p53. Cell. 1990;63(6):1129-36.

94. Lee D, Kwon JH, Kim EH, *et al.* HMGB2 estabiliza p53 interferindo com a degradação de p53 mediada por E6/E6AP em células HeLa positivas para papilomavírus humano. Canc Lett. 2010;292:125-32.

95. Tomaic V, Pim D, Thomas M, *et al.* Regulation of the human papillomavirus type 18 E6/E6AP ubiquitin ligase complex by the HECT domain-containing protein EDD. J Virol. 2011;85:3120-7.

96. Wiest T, Schwarz E, Enders C, *et al.* Envolvimento da expressão do gene HPV16 E6/E7 intacto em cancros da cabeça e do pescoço com estado p53 inalterado e controlo do ciclo celular pRb perturbado. Oncogene. 2002 Feb;21(10):1510-17.

97. Kennedy EM, Kornepati AVR, Goldstein M, *et al.* Inativação do gene E6 ou E7 do papilomavírus humano em células de carcinoma do colo do útero utilizando uma endonuclease bacteriana CRISPR/Cas guiada por RNA. J. Virolo. 2014 agosto 6. doi. 10.1128/JVI.01879-14.

98. Syrjânen KJ, Pyrh'onen S, Syrjânen SM, Lamberg MA. Demonstração imunohistoquímica dos antigénios do vírus do papiloma humano (HPV) em lesões orais de células escamosas. Brit J of Ora Surg. 1983; 21(2):147-53.

99. Ziegert C, Wentzensen N, Vinokurova S, *et al.* A comprehensive analysis of HPV integration loci in anogenital lesions combining transcript and genome-based amplification techniques. Oncogene. 2003; 22(25):3977- 84.

100. Smith EM, Ritche JM, Summersgill JF, *et al.* Human papillomavirus in oral exfoliated cells and risk of head and neck cancer. J Natio Can Instit. 2004;96(6):449-55.

101. Ang KK, Harris J, Wheeler R, *et al.* Human papillomavirus and survival of patients with oropharyngeal cancer. New Engl. J. Med. 2010;63(1):24-35.

102. Syrjânen S, Lodi G, von Bultzingslowen I, *et al.* Papilomavírus humano em carcinoma oral e doenças orais potencialmente malignas: uma revisão sistemática. Oral Dis 2011;17(Suppl. 1):58-72.

103. St Guily JL Jacquard AC Pr'etet JL *et al.* Distribuição do genótipo do papilomavírus humano no cancro da orofaringe e da cavidade oral em França - o estudo EDiTH VI. J. Clini.

Virolo. 2011; 51(2):100-4.

104. Koppikar P, deVilliers EM, Mulherkar R. Identification of human papillomaviruses in tumors of the oral cavity in an Indian community (Identificação de papilomavírus humanos em tumores da cavidade oral numa comunidade indiana). Int J Can. 2005;113:946-50.

105. Chuang AY, Chuang TC, Chang S, *et al.* A presença de ADN do HPV em lavagens salivares convalescentes é um marcador de prognóstico adverso no carcinoma de células escamosas da cabeça e pescoço. Oral Oncol. 2008;44:915-19.

106. Attner P, Du J, Näsman A, *et al.* The role of human papillomavirus in the increased incidence of base of tongue cancer. Int J Can. Jun 2010;126(12):2879-84. doi: 10.1002/ijc.24994.

107. Greer RO, Meyers A, Said SM, Shroyer KR. A expressão da proteína p16INK4a em lesões orais de ST é um marcador pré-canceroso fiável? Int J Oral Maxillofac Surg. 2008:37:840-6.

108. Näsman A, Attner P, Hammarstedt L, *et al.* Incidência de carcinoma das amígdalas positivo para papilomavírus humano (HPV) em Estocolmo, Suécia: uma epidemia de carcinoma induzido por vírus? Int J Can. 2009;125:362-6.

109. Sahebjamee M, Boorghani M, Ghaffari SR, *et al.* Human papillomavirus in saliva of patients with oral squamous cell carcinoma. Med Oral Patol Oral Cir Bucal. 2009 October1;14(10):e525-e8. doi:10.4317/medoral. 14.e525.

110. Bennett KL, Lee W, Lamarre E, *et al.* Associação independente do estatuto do HPV à exposição ao álcool e ao tabaco ou à radioterapia prévia com a metilação do promotor de FUSSEL18 EBF3 IRX1 e SEPT9 mas não de SLC5A8 em carcinomas de células escamosas da cabeça e do pescoço. Genes Chrom. Can. 2010;49:319-26.

111. Hoffmann M, Ihloff AS, Gorogh T, *et al.* A sobreexpressão de p16 (INK4a) prediz a infeção por papilomavírus humano translacionalmente ativa no cancro das amígdalas. Int J Can. 2010;127:1595-1602.

112. Kulkarni Suyamindra S, Kulkarni Sujayendra S, Vastrad PP, *et al.* Prevalência e distribuição dos tipos 16 e 18 do papilomavírus humano (HPV) de alto risco no carcinoma do colo do útero, na saliva de doentes com carcinoma oral de células escamosas e na população em geral em Karnataka, Índia. Asian Pacific J Can Prev. 2011;12: 645-8.

113. Ishibashi M, Kishino M, Sato S, *et al.* The prevalence of human papillomavirus in oral premalignant lesions and squamous cell carcinoma in comparison to cervical lesions used as a positive control. Int J Clin Oncol. 2011 Dec;16(6): 646-53. doi: 10.1007/s10147-011-0236- 0. Epub 2011 Apr 29.

114. Pannone G, Rodolico V, Santoro A, *et al.* Avaliação de um método triplo combinado para detetar HPV causador em carcinomas de células escamosas orais e orofaríngeas: imunohistoquímica p16 Consenso PCR HPV-DNA e hibridação in situ. Infect Agent Can. 2012;7(4): 14 páginas. doi:10.1186/1750-9378-7-4.

115. Samman M, Wood H, Conway C, *et al.* Análise de sequenciação de nova geração para deteção do papilomavírus humano no carcinoma verrucoso oral. Oral Surg Oral Med Oral Pathol and Oral Radiol. 2014;118(1):117-25.

116. Tabatabai SH, Nabieyan M, Sheikhha MH, *et al.* Deteção dos tipos 16 e 18 do papilomavírus humano em doentes com carcinoma espinocelular oral em Yazd, no Irão: Um estudo de caso-controlo. J. Parame. Scie. 2015;6(1):11-17.

117. Gillison ML, D'Souza G, Westra W, *et al.* Distinct risk fator profiles for human papillomavirus type 16-positive and human papillomavirus type 16-negative head and neck cancers. J Natl Can Inst. 2008;100:407-20.

118. Bouvard V, Baan R, Straif K Grosse, *et al.* A review of human carcinogens-Part B: biological agents. Lancet Oncol. 2009;10:321-2.

119. Stransky N, Egloff AM, Tward AD, *et al.* The mutational landscape of head and neck squamous cell carcinoma. Science. 2011;333:1157-60.

120. Garbuglia AR. Papilomavírus humano no câncer de cabeça e pescoço (revisão). Cancros 2014;6:1705-26. doi:10.3390/cancros6031705.

121. Hasan S, Ali M. Sobreexpressão do gene supressor de tumores P53 em doentes infectados pelo vírus do papiloma humano com carcinoma de células escamosas oral. J Bagh College Dentistr. 2011;23(6):70-6.

122. Lancellotti CLP, Levi JE, Silva MALG, *et al.* Diagnóstico laboratorial. In: Carvalho JJM, Oyakawa N. I Consenso Brasileiro do HPV, 1a ediçâo, Sâo Paulo: BG Cultural. 2000;4:45- 60.

123. Mork J, Lie AK, Glattre E, *et al.* Human papillomavirus infection as a risk fator for

squamous-cell carcinoma of the head and neck. N Engl J Med. 2001;344(15):1125-31.

124. Poynten IMF, Jin DJ, Templeton GP, *et al.* Prevalência, incidência e factores de risco para a seropositividade do papilomavírus humano 16 em homens homossexuais australianos. Sex Transm Dis. 2012;39(9):726-32.

125. Venuti A, Paolini F. Métodos de deteção do HPV no cancro da cabeça e do pescoço. Head Neck Pathol. 2012;**6** Suppl 1:S63-S74.

126. Unger ER. In Situ Diagnosis of human Papillomavirus. Clin Lab Med. 2000;20(2):289-301

127. Kjaer SK, van der Brule AJ, Paull G. Type specific persistence of high risk human papillomavirus (HPV) as indicator of high grade cervical squamous intraepithelial lesions in young women: population based prospective follow up study. BMJ. 2002;325:572-78

128. Sato S, Maruta J, Konno R, Yajima A. Deteção in situ do HPV num esfregaço cervical com hibridação in situ. Ata Cytol. 1998;42:1483-5.

129. Hildesheim A, Schiffman MH, Gravitt PE, *et al.* Persistência da infeção por papilomavírus humano de tipo específico em mulheres citologicamente normais. J Infect Dis 1994;169:235-40.

130. Tieben LM, ter Schegget J, Minnaar RP, *et al.* Deteção de tipos de HPV cutâneos e genitais em amostras clínicas por PCR utilizando primers de consenso. J Virol Methods 1993;42:265-79.

131. Tucker RA, Unger ER, Holloway BP, e Swan DC. Ensaio fluorescente baseado em PCR em tempo real para a quantificação do papilomavírus humano dos tipos 6, 11, 16 e 18. Mol Diagn 2001;6:39-47.

132. Cubie HA, Seagar AL, McGoogan E, *et al.* Rapid real-time PCR to distinguish between human papillo- mavirus types 16 and 18. J Clin Pathol Mol Pathol 2001;54:24-9.

133. Hart KW, Williams OM, Thelwell N, *et al.* Novo método para deteção, tipagem e quantificação do papilomavírus humano em amostras clínicas. J Clin Microbiol 2001;39:3204-12.

134. Kraus I, Molden T, Erno LE, *et al.* Expressão oncogénica do papilomavírus humano na porção displásica; uma investigação de biópsias de 190 cones cervicais. Br J Cancer

2004;90:1407-13.

135. Arens M. Clinically relevant sequence-based genotyping of HBV, HCV, CMV, and HIV. J Clin Virol. 2001; 22:11-29.

136. Altschul SF, Gish W, Miller W, *et al.* Basic local alignment search tool. J Mol Biol. 1990;215:403-10.

137. Lee RC, Ambros V. Uma extensa classe de pequenos RNAs em *Caenorhabditis elegans.* Science. 2001;294:862-4.

138. Reinhart BJ, Slack FJ, Basson M, *et al.* O ARN de 21 nucleótidos let-7 regula o tempo de desenvolvimento em *Caenorhabditis elegans*. Nature. 2000;403:901-6.

139. Johnson SM. Expressão pós-embrionária de microRNAs de *C. elegans* pertencentes às famílias lin-4 e let-7 na hipoderme e no sistema reprodutor. Dev Dyn. 2005;234: 868-77.

140. Pasquinelli AE, Reinhart BJ, Slack F, *et al.* Conservation of the sequence and temporal expression of let-7 heterochronic regulatory RNA. Nature. 2000;408:86-9.

141. Kim VN, Han J, Siomi MC. Biogénese de pequenos RNAs em animais. Nat Rev Mol Cell Biol. 2009;10(2):126-39. doi: 10.1038/nrm2632

142. Kim VN. Small RNAs: classificação, biogénese e função. Mol Cells. 2005;19:1-15.

143. Takahashi RU, Miyazaki H, Ochiya T. The role of microRNAs in the regulation of cancer stem cells. Fronteiras em Genética. 2014 janeiro;4:295. doi:10.3389/fgene.2013.00295.

144. Iorio MV, Croce CM. Desregulação do microRNA no cancro: diagnóstico, monitorização e terapêutica. Uma revisão exaustiva. EMBO Mol. Med. 2012;4:143-59. doi: 10.1002/emmm.201100209.

145. Yang X, Du WW, Li H, *et al.* Tanto o miR-17-5p maduro como o miR-17-3p da cadeia de passageiros têm como alvo o TIMP3 e induzem o crescimento e a invasão do tumor da próstata. Nucl Acid Res. 2013;41:9688-704. doi: 10.1093/nar/gkt680.

146. Uchino K, Takeshita F, Takahashi RU, *et al.* Therapeutic effects of microRNA-582-5p and -3p on the inhibition of bladder cancer progression. Mol. Ther. 2013;21:610-19. doi: 10.1038/mt. 2012.269.

147. Bartel DP. MicroRNAs: reconhecimento de alvos e funções reguladoras. Cell. 2009;136:215-33.

148. Filipowicz W, Bhattacharyya SN, Sonenberg N. Mechanisms of post- transcriptional regulation by microRNAs: are the answers in sight? Nat Rev Genet. 2008;9:102-14.

149. Krol J, Loedige I, Filipowicz W. The widespread regulation of microRNA biogenesis function and decay. Nat Rev Genet. 2010;11:597-10.

150. Humphreys DT, Westman BJ, Martin DI, Preiss T. MicroRNAs controlam o início da tradução através da inibição do fator de iniciação eucariótico 4E/cap e da função da cauda poli (A). Proc Natl Acad Sci USA. 2005;102:16961-6.

151. Petersen CP, Bordeleau ME, Pelletier J, Sharp PA. RNAs curtos reprimem a tradução após a iniciação em células de mamíferos. Mol Cell. 2006;21:533-42.

152. Volinia S, Croce CM. Assinatura prognóstica de microRNA/mRNA a partir da análise integrada de pacientes com cancro da mama invasivo. Proc Natl Acad Sci USA. 2013;110:7413-17. doi: 10.1073/pnas.1304977110.

153. He L, Thomson JM, Hemann MT, *et al.* Um policístron de microRNA como potencial oncogene humano. Nature. 2005; 435: 828-33. doi: 10.1038/nature03552.

154. Tavazoie SF, Alarcon C, Oskarsson T, *et al.* MicroRNAs humanos endógenos que suprimem as metástases do cancro da mama. Nature. 2008;451:147-52. doi: 10.1038/nature06487.

155. Ahmad J, Hasnain SE, Siddiqui MA, *et al.* MicroRNA in carcinogenesis & cancer diagnostics: Um novo paradigma. Ind J Med Resea. 2013 abril;137:680-94.

156. Wu BH, Xiong XP, Jia J, Zhang WF. MicroRNAs: novos actores no cenário do cancro oral. Oral Oncol. 2011;47(5):314-19.

157. Nagadia R, Pandit P, Coman WB, *et al.* miRNAs in head and neck cancer revisited. Cellu. Oncolo. 2013;36:1-7.

158. Théry C. Exossomas: vesículas secretadas e comunicações intercelulares. Relatórios de Biologia F1000. 2011;3: artigo 15.

159. Al-Nedawi K, Meehan B, Rak J. Microvesicles: messengers and mediators of tumor progression (Microvesículas: mensageiros e mediadores da progressão tumoral). Cell Cycle. 2009;8(13):2014-18.

160. Wong TS, Ho WK, Chan JYW, *et al.* Mature miR-184 and squamous cell carcinoma of

the tongue. Cientista. Worl. J. 2009;9:130-2.

161. Park NJ, Zhou H, Elashoff D, *et al.* MicroRNA salivar: caraterização da descoberta e utilidade clínica para a deteção do cancro oral. Clin. Can. Resea. 2009;15(17):5473-7.

162. Liu CJ, Kao SY, Tu HF, *et al.* O aumento do nível de microRNA miR-31 no plasma pode ser um potencial marcador de cancro oral. Oral Dise. 2010;16(4):360-4.

163. Lin SC, Liu CJ, Lin JA, *et al.* Regulação positiva do miR-24 no carcinoma oral: associação positiva a partir de análises clínicas e in vitro. Oral Oncol.2010;46(3):204-8.

164. Clague J, Lippman SM ,Yang H, *et al.* Variação genética nos genes microRNA e risco de lesões orais pré-malignas. Mol. Carcinog. 2010; 49: 183-9.

165. Corcoran DL, Pandit KV, Gordon B, *et al.* Caraterísticas dos promotores de microRNA de mamíferos emergem de dados de imunoprecipitação da cromatina da polimerase II. PLoS One. 2009;4:e5279. doi: 10.1371/journal.pone.0005279.

166. Augoff K, Mccue B, Plow EF, Sossey-alaoui K. O miR-31 e o seu gene hospedeiro lncRNA LOC554202 são regulados pela hipermetilação do promotor no cancro da mama triplo-negativo. Molec. Canc. 2012;11(1):pages5.Disponível em: http://www.molecular-cancer.com/content/11/5.

167. Slaby O, Svoboda M, Fabian P, *et al.* Altered expression of miR- 21 miR-31 miR-143 and miR-145 is related to clinicopathologic features of colorectal cancer. Oncology. 2007;72:397-402.

168. Wong QW, Lung RW, Law PT, *et al.* O microRNA-223 é normalmente reprimido no carcinoma hepatocelular e potencia a expressão de Stathmin1. Gastroenterology. 2008;135:257-69.

169. Lajer CB, Nielsen FC, Friis-Hansen, L *et al.* Different miRNA signatures of oral and pharyngeal squamous cell carcinomas: a prospective translational study. Brit J Canc. 2011; 104(5): 830-40.

170. Liu CJ, Tsai MM, Hung PS, *et al.* miR-31 abla a expressão do fator regulador HIF FIH para ativar a via HIF no carcinoma da cabeça e pescoço. Canc Res. 2010;70:1635-44.

171. Weber JA, Baxter liuDH, Zhang S, *et al.* The microRNA spectrum in 12 body fluids. Clin. Chemi. 2010;56(11):1733-41.

172. Wong D. Diagnóstico salivar. Opera. Dentis. 2012; 37(6): 562-70.

173. Wang Q, Gao P, Wang X e Duan Y. O diagnóstico precoce e a monitorização da metabolómica. 2014. Scie Repo;4:1-9. doi.org/10.1038/srep06802.

174. Yoshizawa JM, Schafer CA, Schafer JJ, *et al.* Salivary biomarkers: towards future clinical and diagnostic utilities. Clini. Microbi. Revi. 2013; 26(4):781-91.

175. Navazesh M. Methods for collecting saliva. Ann N Y Acad Sci. 1993 setembro;694:72-7.

176. Agoston ES Robinson SJ Mehra KK *et al.* Polymerase chain reaction detection of HPV in squamous carcinoma of the oropharynx. Am J Clin Pathol. 2010;134:36-41.

177. Wilfinger WW Mackey K e Chomczynski P. Effect of pH and Ionic Strength on the Spectrophotometric Assessment of Nucleic Acid Purity (Efeito do pH e da força iónica na avaliação espectrofotométrica da pureza dos ácidos nucleicos). BioTechniques. 1997;22:474-81.

178. Sambrook J e Green MJ. Molecular Cloning. Um Manual de Laboratório. Conjunto de 3 volumes (2012). 4th ed. Gold Spring Harbor Laboratory Press Nova Iorque, EUA. Capítulo 2: Análise de ADN, páginas 81. ISBN:978-1-936113-42-2. http://trove.nla.gov.au/version/176566300.

179. Chen C Ridzon DA Broomer AJ *et al.* Real-Time Quantification of microRNAS by Stem-Loop RT-PCR. Nucl Acid Rese. 2005;33(10):1- 9. doi:10.1093/nar/gni178.

180. Kramer MF. RT-qPCR de loop de haste para miRNAS. Manuscrito do autor; disponível no PMC 1 de julho de 2012. Curr Protoc Mol Biol. 2011. páginas 1-22. doi:10.1002/0471142727.mb1510s95.

181. Pfaffl WW. Um novo modelo matemático para a quantificação relativa em RT-PCR em tempo real. Nucleic Acids Res. 2001;29(9):2002-7.

182. Livak KJ e Schmittgen TD. Analysis of Relative Gene Expression Data Using Real Time Quantitative PCR and the $2^{-\Delta\Delta C_T}$ Method. Methods. 2001;25:402-8. doi:10.1006/meth.2001.1262 disponível online em http://www. idealibrary.com.

183. Khashman BM. Estudo Molecular e Virológico das Infecções pelo Vírus do Papiloma Humano em Pacientes Iraquianos com Carcinomas de Células Escamosas Orais. Dissertação

de mestrado. Departamento de Microbiologia, Faculdade de Medicina, Universidade de Bagdade. (2008)

184. Mudhir SH. Utilidade clínica do micro RNA salivar (miRNA-125a, miRNA-200a, miRNA-93) para a deteção de carcinoma de células escamosas oral. Tese de doutoramento em medicina oral, Faculdade de Medicina Dentária, Universidade de Bagdade, (2013).

185. Mayne S, Morse D, Winn D. Cancros da cavidade oral e da faringe. In: Schottenfeld D, Fraumeni J, Jr, editores. Cancer epidemiology and prevention. 3ª ed. Nova Iorque: Oxford University Press; 2006. pp. 674-96.

186. Burns EA, Leventhal EA. Envelhecimento, imunidade e cancro. Canc Cont. 2000:7:513-22.

187. Andisheh-Tadbir A, Mehrabani D, Heydari ST. Epidemiologia do carcinoma de células escamosas da cavidade oral no Irão. J Craniofac Surg. 2008;19:1699-702.

188. Marocchio LS, Lima J, Sperandio FF, *et al.* Carcinoma espinocelular oral: uma análise de 1564 casos mostrando avanços na deteção precoce. J Oral Sci. 2010;52:267-73.

189. Johnson NW, Jayasekara P, Amarasinghe AA. Carcinoma de células escamosas e lesões precursoras da cavidade oral: epidemiologia e etiologia. Periodontol 2000. 2011;57:19-37.

190. Grimm M. Prognostic value of clinicopathological parameters and outcome in 484 patients with oral squamous cell carcinoma: microvascular invasion (V+) is an independent prognostic fator for OSCC. Clin Transl Oncol. 2012;14:870-80.

191. Pires FR, Ramos AB, de Oliveira JBC, *et al.* Carcinoma espinocelular oral: caraterísticas clinicopatológicas de 346 casos de um único serviço de patologia oral durante um período de 8 anos. J Appl Oral Scie: Revista FOB. 2013;21(5):460-7.doi.org/10.1590/1679-775720130317.

192. Maleki D, Ghojazadeh M, Mahmoudi SS, *et al.,* Epidemiologia do cancro oral no Irão: uma revisão sistemática. Asian Pac J Canc Prev. 2015;16(13); 5427-32.

193. Effiom OA, Adeyemo WL, Omitola OG, *et al.* Carcinoma de células escamosas oral: uma revisão clínica e patológica de 233 casos em Lagos, Nigéria. J Oral Maxillofac Surg. 2008;66:1595-9.

194. Losi-Guembarovski R, Menezes RP, Poliseli F, Chaves VN,Kuasne H, Leichsenring A, et al. Epidemiologia do carcinoma oral no Estado do Paraná, Sul do Brasil. Cad Saude

Publica. 2009;25:393-400.

195. SEER (Programa de Vigilância Epidemiológica e de Resultados Finais). Institutos Nacionais de Saúde dos EUA. Instituto Nacional do Cancro; 1975-2012. http:// seer.cancer. gov/csr/ 1975 2012/results merged/ sect 20 oral cavit y pharynx.pdf. (acedido em 2015, 20 de agosto).

196. Delavarian Z, Pakfetrat A, Mahmoudi S. Five years retrospective study of oral and maxillofacial malignancies in patients referred to Oral Medicine Department of Mashhad Dental School-Iran (Estudo retrospetivo de cinco anos de doenças malignas orais e maxilofaciais em pacientes encaminhados para o Departamento de Medicina Oral da Faculdade de Medicina Dentária de Mashhad-Irão). J Mash Dent Sch. 2009;33:129-38.

197. Chamani G, Zarei M, Rad M, *et al.* Epidemiological Aspects of Oral and Pharyngeal Cancer in Kerman Province, South Eastern Iran. Iran J Publ Healt. 2009;38:90-7.

198. Aghbali A, Halimi M, Firouzpour A, *et al.* Um estudo de dez anos sobre o cancro oral em pacientes encaminhados para o departamento de patologia do Hospital Emam Reza, Tabriz. Med J Tabriz University Med Sci. 2011;33: 55-9.

199. Al-Sened MM, Al-Soudani K, Abdul-Majeed BA. A deteção do vírus do papiloma humano - 16, em relação ao P53 no carcinoma de células escamosas oral por hibridação in situ. J Bagh Coll Denti. 2009;21(4):4-9.

200. Aghbali A, Vosughe Hosseini S, Moradzadeh M, *et al.* Um estudo de dez anos de casos de carcinoma de células escamosas oral na província de Guilan. J Guilan University Med Sci. 2012;84: 71-6.

201. Halboub E, Al-Mohaya M, Abdulhuq M, *et al.* Carcinoma de células escamosas oral entre os iemenitas: Início em idade jovem e apresentação em fase avançada. J Clin Exp Dent. 2012;4(4):e221-5. http://www.medicinaoral.com/odo/volumenes/v4i4/jcedv4i4p221.pdf

202. Larsen SR, Johansen J, Sorensen JA, Krogdahl A. The prognostic significance of histological features in oral squamous cell carcinoma. J Oral Pathol Med. 2009;38:657-62.

203. Dias GS, Almeida AP. Estudo histológico e clínico do cancro oral: análise descritiva de 365 casos. Med Oral Patol Oral Cir Bucal. 2007;12:474-8.

204. Nemes JA, Redl P, Boda R, Kiss C, Marton IJ. Relatório de cancro oral do nordeste da Hungria. Pathol Oncol Res. 2008;14:85-92.

205. Albuquerque R, Lopez-Lopez J, Mari-Roig A, *et al.* Carcinoma espinocelular da língua oral (CECL): consumo de álcool e tabaco versus não consumo. Um estudo numa população portuguesa. Braz Dent J. 2011;22:517-21.

206. Kruse AL, Bredell M, Grätz KW. Cancro oral em homens e mulheres: existem diferenças? Oral Maxillofac Surg. 2011;15:51-5.

207. Wang H, Wang X, Xu J, *et al.* O papel do tabagismo e do consumo de álcool na diferenciação do carcinoma espinocelular oral nos homens na China. J Canc Rese Ther. 2015;11(1):141- 45. doi.org/10.4103/0973-1482.137981.

208. Miyazaki M, Ohno S, Futatsugi M, *et al.* The relation of alcohol consumption and cigarette smoking to the multiple occurrence of esophageal dysplasia and squamous cell carcinoma. Surgery 2002;131:S7-S13.

209. McCullough MJ, Prasad G, Zhao S, e Farah CS. A etiologia variável do cancro oral e o papel de novos biomarcadores para ajudar no diagnóstico precoce. Em Ogbureke KUE Ed.: Oral Cancer (Cancro oral), editora In Tech, 2012, pp. 129-148. ISBN 978-953-51-0228-1

210. Petersen PE. Global policy for improvement of oral health in the 21st century-implications to oral health research of World Health Assembly 2007, World Health Organization. Comm Dent Oral Epid. 2009 Feb;37(1):1-8. doi: 10.1111/j.1600-0528.2008.00448.x

211. Boy S, Van Rensburg EJ, Engelbrecht S, Dreyer L, van Heerden M, van Heerden W. Deteção de HPV em carcinomas de células escamosas intra-orais primários: comensal, agente etiológico ou contaminação? J Oral Pathol Med. 2006 fevereiro;35(2):86-90.

212. Termine N, Panzarella V, Falaschini S. HPV em biópsias de carcinoma espinocelular oral vs carcinoma espinocelular de cabeça e pescoço: uma meta-análise (1988-2007). Anna of Oncol.2008;19:1681-90.

213. Dayyani F, Etzel CJ, Liu M, Ho CH, Lippman SM, Tsao AS. Meta-análise do impacto do papilomavírus humano (HPV) no risco de cancro e na sobrevivência global em carcinomas de células escamosas da cabeça e pescoço (HNSCC). Head Neck Oncol. 2010;2:1-15. doi.org/10.1186/1758-3284-2-15

214. Kermani AI, Seifi SH, Dolatkhah R, *et al.* Vírus do papiloma humano no cancro da cabeça e do pescoço. Irão j Canc Prev. 2012;5(1):21-6.

215. Kojima A, Maeda H, Sugita Y, *et al.* Infeção pelo papilomavírus humano tipo 38 em carcinomas orais de células escamosas. Oral Oncol. 2002 September;38(6): 591-6.

216. Pannone G, Rodolico V, Santoro A, *et al.* Avaliação de um método triplo combinado para detetar o HPV causador em carcinomas de células escamosas orais e orofaríngeas: imunohistoquímica p16, Consensus PCR HPV-DNA e hibridação in situ. Infe Agen Canc. 2012 fevereiro;?: 1-4. doi: 10.1186/1750-9378-7-4.

217. Schmitt M, Bravo I, Snijders P et al. Bead-based multiplex genotyping of human papillomaviruses. J Clin Microbiol 2006;44: 50412.

218. Akhter M, Ali L, Hassan Z, e Khan I. Associação entre a infeção pelo vírus do papiloma humano e o carcinoma de células escamosas oral no Bangladesh. J Heal, Popu Nutr. 2013;31(1):65-9.

219. Gichki AS, Buajeeb W, Doungudomdacha S. *et al.* Deteção do Papilomavírus Humano na Cavidade Oral Normal num Grupo de Indivíduos Paquistaneses utilizando PCR em Tempo Real. Asian Pac J Can Prev. 2012;13(5):2299-2304.doi.org/http://dx.doi.org/10.7314/APJCP.2012.13.5.2299

220. Kreimer A, Clifford G, Boyle P, *et al.* Human papillomavirus types in head and neck squamous cell carcinomas worldwide: a systematic review. Cancer Epidemiol Biomarkers Prev. 2005;14:467-75.

221. Chaturvedi AK, Engels EA, Pfeiffer RM, *et al.* Human papillomavirus and rising oropharyngeal cancer incidence in the United States. J Clin Oncol. 2011;29:4294-4301.

222. Lajer CB, von Buchwald C. The role of human papillomavirus in head and neck cancer (O papel do papilomavírus humano no cancro da cabeça e do pescoço). Apmis. 2010;118:510-19.

223. Hong AM, Grulich AE, Jones D, *et al.* Carcinoma de células escamosas da orofaringe em homens australianos induzido por alvos da vacina contra o papilomavírus humano. Vaccine. 2010;28:3269-72.

224. Nasman A, Attner P, Hammarstedt L, *et al.* Incidência de carcinoma das amígdalas positivo para o papilomavírus humano (HPV) em Estocolmo, Suécia: uma epidemia de carcinoma induzido por vírus? Int J Cancer. 2009;125:362-66.

225. Syrjanen S: Infecções por HPV e carcinoma das amígdalas. J Clin Pathol. 2004;57:449-

55.

226. Tachezy R, Klozar J, Salakova M, *et al.* HPV e outros factores de risco de cancro da cavidade oral/orofaríngeo na República Checa. Oral Dis. 2005;11:181-85.

227. Martin-Hernan F, Sanchez-Hernandez J, Cano, *et al.* Cancro oral, infeção por HPV e evidência de transmissão sexual. Med Oral Patol Oral Cir Bucal. 2013;18(3):e439-e44.

228. D'Souza G, Cullen K, Bowie J, *et al.* Differences in Oral Sexual Behaviors by Gender, Age, and Race Explain Observed Differences in Prevalence of Oral Human Papillomavirus Infection. PLoS ONE. 2014;9 issue1:19-21.

229. Kreimer AR, Villa A, Nyitray AG, *et al.* A epidemiologia da infeção oral por hpv numa amostra multinacional de homens saudáveis. Can Epid Biom Prev. 2011;20(1):172-82. doi.org/10.1158/1055-9965.EPI-10-0682.

230. Ringstrom E, Peters E, Hasegawa M, *et al.* Human papillomavirus type 16 and squamous cell carcinoma of the head and neck. Clin Cancer Res. 2002;8:3187-92.

231. Hansson BG, Rosenquist K, Antonsson A, *et al.* Strong association between infection with human papillomavirus and oral and oropharyngeal squamous cell carcinoma: a population-based casecontrol study in southern Sweden. Ata Otolaryngol. 2005;125:1337-44.

232. Patil S, Rao RS, Amrutha N, Sanketh DS. Análise do vírus do papiloma humano no carcinoma espinocelular oral utilizando p16: Um estudo imunohistoquímico. J Int Soc Prev Comm Dent. 2014; 4(1):61- 6. doi:10.4103/2231-0762.131269

233. Syrjänen S. Human Papillomaviruses in Head and Neck Carcinomas. N Engl J Med. 2007;356:1993-5.

234. Chaturvedi AK, Engels EA, Anderson WF. Incidence trends for human papillomavirus-related and -unrelated oral squamous cell carcinomas in the United States. J Clin Oncol .2008;26:612-19.

235. Alam S, Conway MJ, Chen HS, and Meyers C. Thecigarette smoke carcinogen benzo [a]pyrene enhances human papillomavirus synthesis. J Virol. 2008 January;82(2):1053-8. Epub 2007 Nov 7.

236. Silva KC, Rosa ML, Moyse N, *et al.* Fatores de risco associados à infeção pelo

papilomavírus humano em duas populações do Rio de Janeiro, Brasil. Mem Inst Oswaldo Cruz. 2009 setembro;104(6):885-91.

237. Esquenazi D, Bussoloti Filho I, Carvalho Mda G, e Barros FS. A freqüência de achados do papilomavírus humano na mucosa oral normal de pessoas saudáveis por PCR. Braz J Otorhinolaryngol. 2010 fevereiro;76(1):78-84.

238. Nagler RM. A saliva como ferramenta de diagnóstico e prognóstico do cancro oral. Oral Oncol. 2009;45:1006-10.

239. Dalmay T. MicroRNAs and cancer. J Intern Med. 2008;263:366- 75.

240. Chen X, Ba Y, Ma L, Cai X, Yin Y, *et al.* Caracterização de microRNAs no soro: uma nova classe de biomarcadores para o diagnóstico do cancro e de outras doenças. Cell Res. 2008;18:997-1006.

241. Li Y, St John MA, Zhou X, et al. Salivary transcriptome diagnostics for oral cancer detection (Diagnóstico do transcriptoma salivar para deteção do cancro oral). Clin Cancer Res 2004;10:8442-50.

242. Patel RS, Jakymiw A, Yao B, Pauley BA, Carcamo WC, *et al.* Alta resolução de assinaturas de microRNA em saliva humana inteira. Arch Oral Biol. 2011;56:1506-13.

243. Siow MY, Karen Ng, Vincent CLP, *et al.* A desregulação da expressão de miR-31 e miR-375 está associada a resultados clínicos no carcinoma oral. Oral Dise. 2014;20(4): 345-51. doi:10.1111/odi.12118.

Apêndice I: Folha de recolha de dados

Informação do doente:

N.º do doente	Idade	Género	Informações de contacto

Informações sobre o diagnóstico médico:

Carcinoma espinocelular oral (local da lesão)				
Mucosa bucal	Mucosa labial	Língua	Área retromolar	Boca do chão
Relatório patológico				
Outros :				

Historial médico

Diabetes	Doença autoimune	Periodontite	Líquen plano	Cirurgias anteriores
Outros factores de risco, caso existam		Outras queixas orais		

Hábitos pessoais

Hábito	Sim / Não	Montante	Frequência	Qualquer observação
Fumar tabaco				
Álcool				
Outros				

Apêndice II: Sequências de genotipagem do vírus do papiloma humano.

>Sequência do gene L1 do iniciador forward Seq1_S1 (HPV-18)

GTACCAATTTAACAATATGTGCTTCTACACAGTCTCCTGTACCTGGGCAATATGATGCTA CCAAATTTAA
GCAGTATAGCAGACATGTTGAAGAATATGATTTGCAGTTTATTTTTCAGTTATGTACTATTACTTTAACT
GCAGATGTTATGTCCTATATTCATAGTATGAATAGCAGTATTTTAGAGGATTGGAACTTTGGTGTTCCCC
CCCCGCCAACTACTAGTTTGGTGGATACATATCGTTTTGTACAATCTGTTGCTATTACCTGTCAAAAGGA
TGCTGCACCAGCTGAAAATAAGGATCCCTATGATA

>Sequência do gene L1 do iniciador avançado Seq2_S2 (HPV-18)

TATATAAAAGATGTGAGAAACGCACCACAATACTATGGCGCGCTTTGAGGATCCAACACGGCGACCCTAC
AAGCTACCTGATCTGTGCACGGAACTGAACACTTCACTGCAAGACATAGAAATAACCTGTGTATATTGCA
AGACAGTATTGGAACTTACAGAGGTATTTGAATTTGCATTCAAAGATTTATTTGTAGTGTATAGAGACAG
TATACCGCATGCTGCATGCCATAAATGTATAGATTTCTATTCTAGAATTAGAGAATTAAGATATTATTCA
GACTCTGTGTATGGAGACACATTAGAAAAACT

>Sequência do gene L1 do iniciador avançado Seq3_S3 (HPV-18)

GTACCAATTTAACAATATGTGCTTCTACACAGTCTCCTGTACCTGGGCAATATGATGCTACCAAATTTAA
GCAGTATAGCAGACATGTTGAAGAATATGATTTGCAGTTTATTTTTCAGTTATGTACTATTACTTTAACT
GCAGATGTTATGTCCTATATTCATAGTATGAATAGCAGTATTTTAGAGGATTGGAACTTTGGTGTTCCCC
CCCCGCCAACTACTAGTTTGGTGGATACATATCGTTTTGTACAATCTGTTGCTATTACCTGTCAAAAGGA
TGCTGCACCAGCTGAAAATAAGGATCCCTATGATAC

>Sequência do gene L1 do iniciador direto Seq4_S4 (HPV-16)

TCCCTATTTTCCTATTAAAAAACCTAACAATAACAAAATATTAGTTCCTAAAGTATCAGGATTACAATAC
AGGGTATTTAGAATACATTTACCTGACCCCAATAAGTTTGGTTTTCCTGACACCTCATTTTATAATCCAG
ATACACAGCGGCTGGTTTGGGCCTGTGTAGGTGTTGAGGTAGGTCGTGGTGGTCAGCCATTAGGTGTGGGC
AT
TAGTGGCCATCCTTTATTAAATAAATTGGATGACACAGAAAATGCTAGTGCTTATGCAGC
AAATGCAGGTGTGGATAATAGAGAATGTATATCTATGGATTACAAA

>Sequência do gene L1 do iniciador direto Seq5_S5 (HPV-18)

GCACAGGGTCATAACAATGGTGTTTGCTGGCATAATCAATTATTTGTTACTGTGGTAGATACCACTCGCA
GTACCAATTTAACAATATGTGCTTCTACACACAGTCTCCTGTACCTGGGCAGTATGATGCTACCAAATTTAG
GCAGTATAGCAGACATGTTGAGGAATATGATTTGCAGTTTATTTCAGTTGTGTGTACTATTACTTTAACT
GCAGATGTTATGTCCTATATTCATAGTATGAATAGCAGTATTTTAGAGGATTGGAACTTTGGTGTTCCCC
CCCCGCCAACTACTAGTTTGGTGGATACATCG

>Sequência do gene L1 do iniciador direto Seq6_S6 (HPV-18)

GTACCAATTTAACAATATGTGCTTCTACACAGTCTCCTGTACCTGGGCAATATGATGCTA CCAAATTTAA
GCAGTATAGCAGACATGTTGAAGAATATGATTTGCAGTTTATTTTTCAGTTATGTACTATTACTTTAACT
GCAGATGTTATGTCCTATATTCATAGTATGAATAGCAGTATTTTAGAGGATTGGAACTTTGGTGTTCCCC
CCCCGCCAACTACTAGTTTGGTGGATACATATCGTTTTGTACAATCTGTTGCTATTACCTGTCAAAAGGA
TGCTGCACCAGCTGAAAATAAGGATCCCTAT

>Seq7_S7 forward primer Sequência do gene L1 (HPV-18)

TACCAATTTAACAATATGTGCTTCTACACAGTCTCCTGTACCTGGGCAATATGATGCTACC AAATTTAA
GCAGTATAGCAGACATGTTGAGGAATATGATTTGCAGTTTATTTCAGTTGTGTGTACTATTACTTTAACT

GCAGATGTTATGTCCTATATTCATAGTATGAATAGCAGTATTTTAGAGGATTGGAACTTTGGTGTTCCCC

CCCCGCCAACTACTAGTTTGGTGGATACATATCGTTTTGTACAATCTGTTGCTATTACCTGTCAAAAGGA

TGCTGCACCGGCTGAAAATAAGGATCCCTATGATA

>Sequência do gene L1 do iniciador direto Seq8_S8 (HPV-16)

TCCCTATTTACCTATTAAAAAACCTAACAATAACAAAATATTAGTTCCTAAAGTATCAGGATTACAATAC

AGGGTATTTAGAATACATTTACCTGACCCCAATAAGTTTGGTTTTCCTGACACCTCATTTTATAATCCAG

ATACACAGCGGCTGGTTTGGGCCTGTGTAGGTGTTGAGGTAGGTCGTGGTGGTCAGCCATTAGGTGTGGGC
AT

TAGTGGCCATCCTTTATTAAATAAATTGGATGACACAGAAAATGCTAGTGCTTATGCAGCAAATGCAGGT

GTGGATAATAGAGAATGTATATCTATGGA

>Sequência do gene L1 do iniciador avançado Seq9_S9 (HPV-16)

ATGTCTCTTTGGCTGCCTAGTGAGGCCACTGTCTCTACTTGCCTCCTGTCCCAGTATCTAAAGTTGTAAGCA

CGGATGAATATGTTGCACGCACAAACATATATTATCATGCAGGAACATCCGGACTACTTGCAGTTGGACA

TCCCTATTTTCCTATTAAAAAACCTAACAATAACAAAATATTAGTTCCTAAAGTATCAGGATTACAATAC

AGGGTATTTAGAATATATTTACCTGACCCCAATAAGTTTGGTTTTCCTGACACCTCATTTTACAATCCAG

ATACACAGCGGCTGGTTTGGGCCTGTGTAGGT

>Sequência do gene L1 do iniciador direto Seq10_S10 (HPV-11)

ATGCGTATGTTAAACGCACCAACATATTTTATCATGCCAGCAGTTCTAGACTCCTTGCTGTGGGACATCC

ATATTACTCTATCAAAAAAGTTAACAAAACAGTTGTACCAAAGGTGTCTGGATATCAATATAGAGTGTTT

AAGGTAGTGTTGCCAGATCCTAACAAGTTTGCATTACCTGATTCATCTCTGTTTGACCCCACTACACAGC

GTTTAGTATGGGCGTGCACAGGGTTGGGGGTAGGCAGGGGTCAACCTTTAGGCGTTGGTGTGTTAGTGGGC
A

TCCATTGCTAAACAAATATGATGATGATGTAGAA

>Sequência do gene L1 do iniciador direto Seq11_S11 (HPV-18)

TATATAAAAGATGTGAGAAACACACCACAATACTATGGCGCGCTTTGAGGATCCAACACGGCGACCCTAC

AAGCTACCTGATCTGTGCACGGAACTGAACACTTCACTGCAAGACATAGAAATAACCTGTGTATATTGCA

AGACAGTATTGGAACTTACAGAGGTATTTGAATTTGCATTTAAAGATTTATTTGTGGTGTA TAGAGACAG

TATACCGCATGCTGCATGCCATAAATGTATAGATTTTTATTCTAGAATTAGAGAATTAAGACATTATTCA

GACTCTGTGTATGGAGACACATTGGAAAAACTAACT

>Sequência do gene L1 do iniciador direto Seq12_S12 (HPV-18)

CATAGCTGGGCACTATAGGCCAGTGCCATTCGTGCTGCTGCAACCGAGCACGACAGGAACGACTCCAACGA

CGCAGAGAAACACAAGTATAATATTAAGTATGCATGGACCTAAGGCAACATTGCAAGACATTGTATTGCA

TTTAGAGCCCCAAAATGAAATTCCGGTTGACCTTCTATGTCACGAGCAATTAAGCGACTCAGAGGAAGAA

AACGATGAAATAGATGGAGTTAATCATCAACATTTACCAGCCCGACGAGCCGAACCACAACGTCACACAA

TGTTGTGTGTATGTGTTGTAAGTGTGAAGCCAGAATT

>Sequência do gene L1 do iniciador direto Seq13_S13 (HPV-18)

TGTTGTGTGTATGTGTTGTAAGTGTGAAGCCAGAATTGAGCTAGTAGTAGAAAGCTCAGCAGACGACCTTCG

AGCATTCCAGCAGCTGTTTCTGAACACCCTGTCCTTTGTGTGTGTCCGTGGTGTGTGCATCCCAGCAGTAAGC
A

ACAATGGCTGATCCAGAAGGTACAGACGGGGGGGGGGGGCACGGGTTGTAACGGCTGGTTATGTACAGGCT
A

TTGTAGACAAAAAAACAGGAGATGTAATATCTGATGACGAGGACGAAAATGCAACAGACACAGGGTCGGA

TATGGTAGATTTCATTGATACACAAGGAACATTTT

>Sequência do gene L1 do iniciador direto Seq14_S14 (HPV-18)

AAGCTACCTGATCTGTGCACGGAACTGAACACTTCACTGCAAGACATAGAAATAACCTGTGTATATTGCA
AGACAGTATTGGAACTTACAGAGGTATTTGAATTTGCATTCAAAGATTTATTTGTAGTGTATAGAGACAG
TATACCGCATGCTGCATGCCATAAATGTATAGATTTTTATTCTAGAATTAGAGAATTAAGACATTATTCA
GACTCTGTGTATGGAGACACATTAGAAAAACTAA

>Sequência do gene L1 do iniciador direto Seq15_S15 (HPV-18)

TAAGGTTTCTGCATACCAATATAGAGTATTATTTAGGGTGCAGTTACCTGACCCAAATAAATTTGGTTTACCT
GATACTAGTATTTATAATCCTGAAACACAACGTTTAGTGTGGGCCTGTGTTGGAGTGGAAATTGGGGGTG
GTCAGCCTTTAGGTGTTGGCCTTAGTGGGCATCCATTTTATAATAAATTAGATGACACTGAAAGTTCCCA
TGCCGCCACGTCTAATGTTTCTGAGGACGTTAGGGACAATGTGTCTGTAGATTATAAGCAGACACACAGTTA
TGTATTTTGGGCTGTGCCCCTGCTATTGGGGAACACTGG

>Sequência do gene L1 do iniciador direto Seq16_S16 (HPV-16)

CGGATGAATATGTTGCACGCACAAACATATATTATCATGCAGGGACATCCAGACTACTTGCAGTTGGACA
TCCCTATTTTCCTATTAAAAAACCTAACAATAACAAAATATTAGTTCCTAAAGTATCAGGATTACAATAC
AGGGTATTTAGAATACATTTACCTGACCCCAATAAGTTTGGTTTTCCTGACACCTCATTTTATAATCCAG
ATACACAGCGGCTGGTTTGGGCCTGTGTAGGTGTTGAGGTAGGCCGTGGTCAGCCATTAGGTGTGGGCAT
TAGTGGCCATCCTTTATTAAATAAATTGGATGA

Apêndice III: Expressão genética do miR-31 pelo método ACT no grupo de doentes

Não.	CT miR-31	GAPDH	ACT	expressão genética
1	28.590	32.78	4.190	**18.256**
2	30.343	33.36	3.017	**8.093**
3	27.209	32.63	5.421	**42.846**
4	28.287	33.41	5.123	**34.848**
5	28.085	32.31	4.229	**18.752**
6	26.541	32.61	6.069	**67.150**
7	29.214	32.81	3.596	**12.092**
8	29.235	33.53	4.295	**19.634**
9	29.432	33.61	4.178	**18.097**
10	28.433	33.41	4.981	**31.581**
11	27.826	33.46	5.634	**49.668**
12	30.245	33.81	3.565	**11.838**
13	29.345	32.73	3.385	**10.445**
14	30.243	33.25	3.007	**8.038**
15	27.314	32.93	5.616	**49.039**
16	28.084	32.71	4.626	**24.687**
17	28.589	32.56	3.971	**15.685**
18	28.462	33.93	5.468	**44.271**
19	30.362	33.93	3.568	**11.862**
20	29.343	33.13	3.787	**13.802**
21	28.287	33.69	5.403	**42.312**
22	28.590	33.21	4.620	**24.595**
23	27.315	33.21	5.895	**59.501**
24	28.287	33.69	5.403	**42.312**
25	29.107	33.66	4.553	**23.482**
26	27.823	33.52	5.697	**51.885**
27	29.343	33.23	3.887	**14.792**
28	29.343	32.74	3.397	**10.532**
28	28.600	33.61	5.010	**32.215**
30	29.823	33.51	3.687	**12.882**
31	30.399	33.36	2.961	**7.787**
32	28.209	33.63	5.421	**42.846**
33	29.363	33.47	4.107	**17.235**
34	30.363	33.14	2.777	**6.856**
35	29.106	33.65	4.544	**23.336**

Printed by Books on Demand GmbH, Norderstedt / Germany